湖南省灌溉水有效利用系数测算分析与应用研究

刘思妍 张文萍 张 杰 蒋 易 唐梓豪 张江沅 著

黄河水利出版社

·郑 州·

内 容 提 要

灌溉水有效利用系数能反映灌区灌溉工程状况、灌溉技术、用水管理技术等水平，揭示不同类型灌区节水措施实施效果及节水潜力。本书通过对湖南省大中小型样点灌区灌溉水有效利用系数进行测算分析，合理评价节水灌溉发展取得的成绩和效果，进一步提高大中型灌区用水保障程度，为全省水资源合理配置、科学规划与实施灌区节水改造工程等重大问题决策提供理论参考。

本书可为从事农业水资源管理、灌溉节水工程设计、农业土地建设等专业人员和相关科研人员提供参考。

图书在版编目（CIP）数据

湖南省灌溉水有效利用系数测算分析与应用研究/刘思妍等著.--郑州:黄河水利出版社,2024.7
　　ISBN 978-7-5509-3901-1

Ⅰ.S274.3

中国国家版本馆 CIP 数据核字第 2024E9A414 号

策划编辑:陶金志　电话:0371-66025273　E-mail:838739632@qq.com

责任编辑	郑佩佩	责任校对	岳晓娟
封面设计	张心怡	责任监制	常红昕
出版发行	黄河水利出版社		

　　　　　　　地址:河南省郑州市顺河路 49 号　邮政编码:450003
　　　　　　　网址:www.yrcp.com　E-mail:hhslcbs@126.com
　　　　　　　发行部电话:0371-66020550

承印单位	河南新华印刷集团有限公司
开　　本	787 mm×1 092 mm　1/16
印　　张	4.75
字　　数	85 千字
版次印次	2024 年 7 月第 1 版　　2024 年 7 月第 1 次印刷
定　　价	45.00 元

前　言

　　我国农业灌溉用水量占用水总量60%以上,灌溉水有效利用直接影响水资源的可持续发展。截至2022年12月31日,湖南省2 000亩以上的灌区共2 112处,其中大型灌区23处,中型灌区636处,小型灌区1 453处,灌区灌溉用水量约占全省农业用水总量的60%~70%,部分灌区存在灌溉方式粗放、渠系配套设施差、农业用水损耗率高等问题,造成灌区水资源的极大浪费。湖南省水资源虽相对丰富,但也存在时空分布不均、水资源污染等问题,另外城镇生活、生态环境用水和工业生产用水随着经济社会的快速发展进一步增加,各流域、各区域用水矛盾和纠纷日益突出,需要进一步压缩农业灌溉用水。近年来,区域降水的时空分布不均及极端高温事件频发,水稻高温敏感期同时遭受高温热害与干旱胁迫概率增加,水库水资源呈现时空分布不均、年来水量衰减等特点,严重制约当年水稻生产,显著降低灌区灌溉水资源保障程度。因此,加快实施水利工程节水改造和节水灌溉新技术,努力实现灌区水资源供需平衡、可持续利用,提高灌区灌溉水有效利用系数,将为我国粮食生产安全、工业生产和城乡发展提供良好的水资源保障。

　　自2006年开展灌区灌溉水有效利用系数测算工作以来,湖南省存在测试范围覆盖度不全面、系统性不高、应用性不强等问题。实施节水改造工程建设后,灌区工程设施和管理发生明显改观,灌区灌溉水有效利用系数随之发生变化,研究灌区灌溉水有效利用系数测算方法及影响因素,有效衡量灌溉水利用效率,分析湖南省典型样点灌区节水能力,可为日后全省提升节水潜力,实行最严格水资源管理制度的“三条红线”提供理论参考。本书通过调研并整理湖南省大中小型样点灌区2014—2022年测算成果数据,对样点灌区灌溉水有效利用系数进行测算,确定湖南省灌区灌溉水有效利用系数测算方法,分析灌区灌溉水有效利用系数的时空变化特征,构建研究区域灌溉水有效利用系数测算分析的理论模型,明确影响灌区灌溉水有效利用系数的关键因素,分析不同规模灌区经济投资的优劣性和灌区节水潜力,摸清全省灌区灌溉水有效利用系数现状,提出提高全省灌溉水有效利用系数的对策,可为湖南省水资源合理配置、科学规划与实施灌区节水改造工程等重大问题决策提供数据支撑和依据。

　　本书第 1 章、第 2 章、第 5 章由湖南省水利水电科学研究院刘思妍、张杰、唐梓豪撰写,第 3 章、第 4 章由湖南农业大学张文萍、蒋易、张江沅撰写。在本书的写作过程中,盛东、徐义军、胡德勇、肖卫华、管啸、曾峰、王润贤等做了大量的工作,在此表示衷心的感谢! 同时,本书也参考了大量的专著和相关的文献资料,对这些著作和文献资料的作者表示诚挚的感谢!

　　由于作者水平有限,不妥与疏漏之处在所难免,敬请读者批评指正。

作 者

2024 年 3 月

目　录

第 1 章 绪 论

1.1 研究目的和意义

我国农业灌溉用水量占用水总量的 60% 以上,灌区灌溉水有效利用现状或节水工程技术实施后的变化情况,受到国家、地方政府及相关部门的高度重视。湖南省水资源虽相对丰富,但城镇生活用水、生态环境用水和工业生产用水随经济社会的快速发展进一步增加,各流域、各区域用水矛盾和纠纷日益突出,需要进一步压缩农业灌溉用水,研究灌区灌溉水有效利用系数测算方法及影响因素,有效衡量灌溉水利用效率,可为实行最严格水资源管理制度的"三条红线"提供理论参考。

灌溉水有效利用系数作为衡量灌区从水源取水到田间作物吸收利用过程中灌溉水利用程度或浪费程度的一项重要指标,能反映灌区灌溉工程状况、灌溉技术、用水管理和农艺技术等水平,揭示不同类型灌区节水措施实施效果及节水潜力。湖南省自 2006 年开展灌区灌溉水有效利用系数测算工作以来,存在测试范围覆盖度不全面、系统性不高、应用性不强等问题。实施节水改造工程建设后,灌区工程设施和管理发生明显的改观,灌区灌溉水有效利用系数随之发生变化,分析湖南省典型样点灌区节水能力,可为日后全省提升节水潜力打下坚实的基础。

本书通过调研并整理湖南省大中小型样点灌区 2014—2022 年测算成果数据,对样点灌区灌溉水有效利用系数进行测算,确定湖南省灌区灌溉水有效利用系数测算方法,分析灌区灌溉水有效利用系数的时空变化特征,构建研究区域灌溉水有效利用系数测算分析的理论模型,明确灌区灌溉水有效利用系数的关键影响因素,并对节水改造投资的经济效益作出评价,分析不同规模灌区经济投资的优劣性和灌区节水潜力,摸清全省灌区灌溉水有效利用系数现状,提出提高全省灌溉水有效利用系数对策,可为湖南省水资源合理配置、科学规划与实施灌区节水改造工程等重大问题决策提供数据支撑和依据。

1.2　研究现状

1.2.1　灌区水资源利用现状

灌区是我国重要的粮食、农产品生产功能保护区。截至 2020 年 3 月 28 日,我国现有大型灌区 459 处 (30 万亩❶及以上),中型灌区 7 380 处 (1 万~ 30 万亩),约占全国耕地灌溉面积的 50.50%,其粮食产量约占全国粮食总产量的 50%,年均灌溉用水量占全国农业灌溉用水总量的 63%[1],水稻灌区灌溉用水量约占全国农业用水量的 60%~70%[2]。截至 2022 年 12 月 31 日,湖南省现有大型灌区 23 处,中型灌区 636 处,2 000 亩以上小型灌区 1 453 处,灌区耕地灌溉面积为 4 313 万亩,占全省耕地面积的 79%。2021 年,湖南省粮食总产量达 3 074.36 万 t[3-4] [引用《湖南省农田灌溉发展规划》(2021—2035 年)]。作为半人工开放式生态系统,灌区依靠光、热、土壤等自然资源,利用可靠的输配水渠道系统和排水沟系统,通过人为选择作物和作物种植比例,成为我国粮食生产的主力军,灌区尤其是大中型灌区因具有重要的生态功能,成为当地尤其是北方生态脆弱地区不可替代的生态屏障。

灌区灌溉方式粗放、计量手段落后、渠系配套设施差、农业用水损耗率高等问题,造成了灌区水资源的极大浪费和水环境质量的严重恶化,而水资源供需矛盾加剧、水土资源变化使灌区灌溉水资源难以得到保证。灌区骨干水源同时担负农业灌溉、城镇生活用水、工业用水和生态用水等供水任务,农业灌溉作为灌区最主要的用水大户,占灌区总用水量的 80% 左右,灌区城镇化和工业化快速发展,使其用水结构发生较大变化,农业用水与非农业用水之间矛盾日益加深。南方地区持续出现双季稻改种单季稻的现象,虽然在一定程度上减少了农田灌溉的需水量,但是单双季稻种植面积呈不断下降的趋势[5],不利于灌区水利高质量的发展[6]。近年来,区域降水时空分布不均及全球气候变暖导致极端高温事件频发,水稻高温敏感期即生殖生长阶段同时遭受高温热害与干旱胁迫的概率增加,2022 年 7—8 月湖南省甚至出现持续异常高温,严重制约了当年水稻的生产[7],同时水库水资源呈现时空分布不均匀、年来水量衰减等特点,显著降低了灌区灌溉水资源的保障程度[8]。因此,大力

---

❶　1 亩 = 666.67 m²,下同。

推广节约用水、科学用水,多措并举严格水资源利用管理,加快实施水利工程节水改造,努力实现灌区水资源供需平衡、可持续利用,提高灌区灌溉水有效利用系数,可为我国粮食生产安全、工业生产和城乡发展提供良好的水资源保障。

1.2.2 灌区灌溉水有效利用系数

1.2.2.1 灌区灌溉水有效利用系数的内涵

灌溉水从水源开始到最终形成作物产量,主要经过输配水、灌溉、作物吸收利用和物质转化等 4 个过程。其中,输配水过程主要通过渠道或者低压管道等水利工程输水措施将水输送到田间;灌溉过程主要通过不同灌溉方式将水输送至作物根系层,使其转化为土壤水;作物吸收利用过程首先将储存在作物根系层的土壤水吸收利用,然后以蒸散发形式为作物提供输送营养物质的动力;物质转化过程则通过一系列复杂的转化过程,最终形成作物产量[9]。

灌溉水有效利用系数是表示灌溉用水效率的重要指标之一,是某个灌溉田块或者灌溉系统中,作物本身消耗和利用的灌溉水量与从河流、湖泊或其他自然水源灌入农田工程渠系水量的比值。国际上惯用"效率"表示,国内常用"系数"表示。输配水、灌溉过程中用水效率的增加主要是指尽最大可能地降低损失,水源取水通过输配水工程输送到田间,并储存在作物根区[9]。灌溉水有效利用系数可以反映灌区农田灌溉用水效率,表明灌溉系统工程的运行状况、灌水技术以及当地管理水平的高低等,从某种程度上反映灌区农田种植结构、灌溉制度以及耕作制度对灌溉用水效率的影响程度[9]。

1.2.2.2 灌区灌溉水有效利用系数的研究现状

灌溉水有效利用系数一般采用一次灌水期间被农作物利用的净水量与水源渠首处总引进水量的比值表示,是反映灌区渠系输水和田间灌溉的用水情况,衡量灌区从水源引水到田间作物用水过程中的水利用效率指标[8],灌溉水有效利用系数在区域农业水资源利用和节水灌溉评价中发挥着重要的作用。为跟踪测算分析灌溉水有效利用系数的变化情况,科学评价节水灌溉发展成效与节水潜力,根据中华人民共和国水利部的要求,自 2006 年起,要求各省开展灌溉水有效利用系数测算分析工作,取得的成果为有关部门研究制定相关政策和规划提供依据。《国务院关于实行最严格水资源管理制度的意见》(国发〔2012〕3 号)规定,农田灌溉水有效利用系数被列为用水效率控制红线主要考核的指标之一,是国家实行最严格水资源管理制度、确定水资源管理"三条红线"控制目标的一项重要指标。经过多年的测算工作,2018 年水利部相关统计表明,全国农田灌溉水有效利用系数为 0.554[10],2021 年林芝市农田灌溉水有效利用系数为 0.459,中型和小型灌区灌溉水有效利用系数分别为 0.435 和 0.476[11],2020 年武义县灌溉水有效利用系数为 0.584,中型和小型灌区灌溉水有效利用系数分别为 0.564 和 0.603[12]。根据 2022 年《湖南省水资源公报》数据,湖南省灌溉水有效利用系数为 0.553,大、中、小型灌区灌溉水有效利用系数分别为 0.551、0.550、0.556,为贯彻落实我国水资源制度,充分发挥农业用水效率,科学有效地指导农业灌溉,合理选取湖南省样点灌区,观测灌区用水量,并对灌区灌溉水有效利用系数进行测算,可全面地了解农田用水状况,为湖南省灌区灌溉用水均衡提供科学依据。

1.2.2.3　灌区灌溉水有效利用系数的影响因素分析

灌溉水有效利用直接影响水资源的可持续发展,研究灌区灌溉水有效利用系数的影响因素能有效衡量灌溉水利用效率,同时也为实行最严格水资源管理制度的"三条红线"提供理论参考[13],水资源条件、灌区规模与类型、节水灌溉技术、节水投资和节水工程面积及灌区管理水平等皆为其影响因素。灌区可利用水资源主要由降水产生的地表径流、过境水、农业灌溉回归水和可用地下水 4 个部分组成,降水量丰富或水资源利用较便利的地区灌溉水有效利用系数较低,反之灌溉水有效利用系数较高[14]。也有学者研究结果表明:气候、水资源因素与灌溉水有效利用系数的高低有弱相关性[15];灌区规模越大,渠道水损失越大,灌区灌溉水有效利用系数越小,所以灌区规模和灌溉水有效利用系数呈负相关关系,表现为 $\eta_{大} < \eta_{中} < \eta_{小} < \eta_{井}$,且大型、中小型灌区灌溉水有效利用系数均呈逐年上升的趋势。巴彦淖尔市大型灌区灌溉水有效利用系数占全市综合系数权重的 90% 以上,直接决定了巴彦淖尔市灌溉水有效利用系数[16];辽宁省灌溉水有效利用系数在《中华人民共和国国民经济和社会发展第十三个五年规划纲要》(简称"十三五"规划)期间,由 2016 年的 0.588 增加到 2020 年的 0.592,其中大中型灌区灌溉水有效利用系数变动较小,小型灌区灌溉水有效利用系数略有降低[17]。节水灌溉技术和节水投资是导致灌区灌溉水有效利用系数发生变化的另一个重要原因,巴彦淖尔市灌区灌溉水有效利用系数随节水工程累计投资总额增加呈上升趋势,并在投资后的 1~2 年内显现,且呈非线性关系[16],安徽省持续推进凤台县灌区续建配套与节水改造项目、推广农业、农艺和节水灌溉等新技术,优化种植结构和加强灌区管理,有效提高了凤台县灌溉水有效利用系数[14]。欧阳海灌区通过对农作物种植面积及复种指数进行调整,即降低早、晚稻种植面积,增加中稻、小麦、棉花、油菜和蔬菜瓜果种植面积,减少高耗水作物种植比重,增加低耗水农作

物的播种面积,达到经济效益高效性,但较少考虑采用高效率节水灌溉方式,喷滴灌面积仅占耕地总面积的 0.32%[18]。

大中型灌区开展续建配套与节水改造工程,增加节水工程累计投资总额,提高渠道衬砌率和田块平整度,减少田间渗漏损失和田块面积缩小等,促使灌溉水有效利用系数有所增加。但水利工程建设投资达到一定程度之后,灌区管理水平对灌区灌溉水有效利用系数起主要作用,管理水平越高,灌溉水有效利用系数越大[15]。此外,土壤类型、土壤化学性质、灌溉分区(作物需水量)影响着灌区灌溉水有效利用系数,土壤渗透性与灌区灌溉水有效利用系数呈负相关关系[15]。因此,需要制定总体规划,对大中型灌区开展续建配套与节水改造,大力发展喷灌、微灌、低压管道输水灌溉等高效节水技术[19],完善灌排体系,建立合理的灌溉制度,优化配置水资源,合理调度水资源,尽量减少输水损失,加大宣传力度,提高用水户节约用水意识,从而提高灌溉水有效利用效率。

1.2.2.4 灌区灌溉水有效利用系数的计算方法及适用性分析

灌区作为整个灌区系统的小单元,灌溉水有效利用系数越高则农业灌溉用水效率越高,灌溉水有效利用系数测算的科学性、准确性、可靠性事关农业灌溉发展和经济社会的可持续发展。目前,灌区灌溉水有效利用系数的计算方法主要有经验系数法、经验公式法与实测法,其中实测法主要有典型渠段测量法、首尾测算分析法和综合测定法等[18]。在实测法中,常用的灌溉水有效利用系数的计算方法主要为典型渠段测量法、首尾测算分析法两种。典型渠段测量法能够反映各级渠道输水利用率状况,只需在了解灌区渠道走向的情况下,对某次灌水开展试验观测即可;首尾测算分析法虽然简单,但需要较长时间的试验观测数据[12]。选取典型灌区开展灌溉水有效利用系数监测调查工作,评价典型灌区灌溉效率的合理性,其成果可为节水改造、农业灌溉用水管理、水资源的合理配置及决策水资源问题提供科学依据。

2006 年以来,全国各省采用典型渠段测量法和首尾测算分析法开展了 10 多年农田灌溉水有效利用系数的测算工作,取得了省、市、县以及典型灌区灌溉水有效利用系数的很多成果。江苏省盐城市盐都区通过直接量测法测算出 2020 年灌区灌溉水有效利用系数为 0.670,真实地反映了盐都区农田灌溉用水效率[8];首尾测算分析法测算出 2019 年大型灌区灌溉水有效利用系数为 0.571 7,中型灌区灌溉水有效利用系数为 0.581 6,小型灌区灌溉水有效利用系数为 0.663 1,省级区域灌溉水有效利用系数为 0.614[15]。广西省顺梅灌区采用典型渠段测量法计算得到 2017 年渠系水利用系数为 0.530,灌溉水有效利用系数为 0.477,较历年灌溉水有效利用系数有所提高[19]。福建省采用首尾测算分析法测算出 2021 年农田灌溉水有效利用系数为 0.561[20]。安徽省凤台县采用首尾测算分析法测算出 2018—2021 年灌溉水有效利用系数分别为 0.561、0.563、0.567、0.575[14],该测算结果较为真实准确地反映了灌区灌溉用水的现状水平。山西省尊村灌区采用首尾测算分析法和土壤墒情监测成果相结合的方式,得出灌区灌溉水有效利用系数为 0.761[18]。甘肃省双塔灌区采用首尾测算分析法和田间实际观测法及水量平衡原理计算相结合的方式,得出灌溉水有效利用系数为 0.565 9,结果显示测算结果可靠[21]。湖南省采用首尾测算分析法测算灌区灌溉水有效利用系数尚未见相关报道,因此需选择湖南省典型样点灌区,根据不同规模与类型样点灌区灌溉水有效利用系数,计算省级区域相应灌区灌溉水有效利用系数,以期为全国灌溉水有效利用系数及全国不同规模和类型灌溉水有效利用系数的计算提供数据支撑和理论支持。

1.3　灌区灌溉水有效利用系数的研究发展趋势

　　我国每年农业灌溉缺水量高达 $3×10^{10}$ m³,水资源短缺问题越来越严重,农业可持续发展将面临严重挑战。随着人口增加以及工农业发展对水资源需求的增加,节约用水是缓解当前农业用水压力以及保证粮食安全、水安全与农业生态环境安全关键的措施之一。《国务院办公厅关于印发实行最严格水资源管理制度考核办法》(国办发〔2013〕2 号)明确提出每个省均应实行最严格水资源管理制度,并对其落实情况进行监督,同时将用水总量和灌溉水有效利用系数作为重点目标进行考核[22]。2012 年,中央继"一号文件"和中央水利工作会议以来,再次明确提出要实行最严格的水资源管理制度,规划用水总量、用水效率和水功能区限制纳污的"三条红线",同时提出一些硬性措施和刚性要求;到 2020 年,全国每年用水总量争取不超过 6 700 亿 m³,灌溉水有效利用效率可提高到 0.55 以上,并且制定了用水效率控制红线,将节约用水纳入未来经济社会发展过程和人民群众生产生活当中,体现了国家对农业灌溉用水效率的重视。2019 年《中国水资源公报》显示,我国农业用水总量为3 612.4 亿 m³,占用水总量的 62.1%,其中90%以上都是灌溉用水,目前灌溉水有效利用系数仅为 0.565,远低于世界先进水平 0.7。因此,未来农业可持续发展的关键在于提高灌溉水效率,它决定着农业用水效率的提高程度,也是节水减排的基本要求。

湖南省水资源相对丰富,但随着经济社会的快速发展,各流域已开始出现水量、水质等问题,各区域用水矛盾和纠纷也日益突出。根据《2021 湖南省水资源公报》显示,全省各部门实际用水总量为 322.44 亿 m^3,其中农业用水量为 199.92 亿 m^3(其中牲畜用水量为 4.78 亿 m^3),占湖南省实际用水总量的 62.0%,耗水率为 76.6%,灌溉水有效利用系数为 0.547 1[23]。同时,水利资金投入不足,水利基础设施薄弱,特别是农村水利基础更为薄弱,抗旱排涝能力和服务“三农”任务艰巨。随着湖南省城镇化建设和工业化发展步伐的加快,城镇生活、生态环境用水和工业生产用水将进一步增加,需要进一步压缩农业生产用水。《湖南省国民经济和社会发展第十四个五年规划和二〇三五年远景目标纲要》指出,到 2025 年湖南省农田灌溉水有效利用系数将达到 0.570,需要新建一批大中型灌区,加快实施大中型灌区续建配套及现代化改造,进一步提高大中型灌区的用水保障程度[24-25]。因此,湖南省农业用水效率提升的空间较大,对湖南省灌区灌溉水有效利用系数进行测算,摸清全省灌区灌溉水有效利用系数现状,落实“三条红线”考核指标,分析灌区灌溉水有效利用系数的影响因素,合理评价节水灌溉发展取得的成绩和效果,可为全省水资源合理配置、科学规划与实施灌区节水改造工程等重大问题的决策提供理论参考,研究灌区灌溉水有效利用系数测算方法及影响因素能有效衡量灌溉水有效利用效率。

作者通过调研并整理湖南省大中小型样点灌区 2014—2022 年测算成果数据,确定湖南省灌区灌溉水有效利用系数的测算方法,分析灌区灌溉水有效利用系数的时空变化特征,以水资源条件、灌区规模、节水灌溉技术、工程投资情况、种植结构、土壤类型、管理水平等为基础,构建研究区域灌溉水有效利用系数测算分析的理论模型,明确灌区灌溉水有效利用系数的关键因素,并对节水改造投资的经济效益作出评价,分析不同规模灌区经济投资的优劣性和灌区节水潜力,最终提出提高全省灌溉水有效利用系数的对策,为湖南省水资源合理配置、科学规划与实施灌区节水改造工程等重大问题的决策提供数据支撑和依据。

第 2 章　灌区灌溉水有效利用系数测算及分析

国内外学者多通过灌区渠系水利用系数和田间水利用系数的乘积[23]确定灌溉水有效利用系数。2006年,水利部重新对灌溉水有效利用系数进行定义,即灌溉水有效利用系数为某次或某时段内农作物利用净灌溉用水量与水源渠首处总灌溉用水量的比值,并对灌溉水有效利用系数测定测算方法进行不断地完善。针对湖南省水资源相对丰富,各流域、各区域用水矛盾和纠纷日益突出,需要进一步压缩农业生产用水等问题,作者收集湖南省2014—2022年大中小型样点灌区测算成果数据,并对数据进行分析和筛选,提出湖南省不同样点灌区灌溉水有效利用系数的测算方法,定性分析灌区灌溉水有效利用系数在年际和不同地区的变化特征及差异性,计算省级区域相应灌区灌溉水有效利用系数,为全国灌溉水有效利用系数及全国不同规模和不同类型灌溉水有效利用系数计算提供数据支撑和理论支持。

2.1　灌溉水有效利用系数的测算方法

根据水利部发布的《全国灌溉用水有效利用系数测算分析技术指南》和《全国农田灌溉水有效利用系数测算分析技术指导细则》,湖南省灌区灌溉水有效利用系数的测算方法采用首尾测算分析法,相较于传统的连乘系数法,首尾测算分析法在一定程度上减少了局限性,易于操作,可降低人为观测和计算误差,可靠性较高,为测算灌区灌溉水有效利用系数提供了一条有效的途径。

2.1.1　样点灌区选择

2.1.1.1　样点灌区的选择原则及其分布合理性

样点灌区的选择,直接影响农田灌溉水有效利用系数数据的准确性和可靠性,要充分考虑省级区域内灌溉面积的分布、灌区节水改造等情况,所选样点灌区总体上能反映省级区域灌区的整体特点。

根据《全国农田灌溉水有效利用系数测算分析技术指导细则》要求,选择样点灌区应遵循以下原则。

(1)样点灌区具有代表性。

①灌区所在区域代表性。湖南省灌溉片区共分为长江片区和珠江片区两大片区,其中长江片区数量共计10个,分别为湘江衡阳以上、湘江衡阳以下、资水冷水江以上、资水冷水江以下、沅江浦市镇以上、沅江浦市镇以下、澧水、洞庭湖环湖区、赣江栋背以上、城陵矶至湖口右岸;珠江片区数量共计3个,分别为柳江、桂贺江、北江大坑口。不同片区降水量、地形地貌、土壤类型、工程设施、管理水平、水源条件、作物种植结构等因素不同,灌区用水习惯也不同,样点灌区选择时,应选择能代表省级区域范围内同规模与类型的具有地域代表性的样点灌区。

②灌区灌溉水水源代表性。灌溉水水源条件差异,在影响灌溉取水难易程度和农民灌水习惯的同时,也在某种程度上影响灌溉水有效利用系数的高低。样点灌区水源类型分为提水灌区和自流引水灌区2种,其中提水灌区提水成本较高,一般起到补充灌溉的作用,灌溉水有效利用系数相对较高。

③灌区管理水平具有代表性。评价管理水平主要从硬件条件、组织管理机构和技术推广3个方面进行,硬件条件主要考虑节水灌溉工程的实际覆盖率、建筑物配套率以及渠道的防渗率等;组织管理机构主要考虑用水协会数量、规章制度、专业技术人员的数量以及工作人员的组成等;技术推广方面,旱作物灌区主要考虑沟、畦规格和灌水习惯,以水稻作为主要作物的灌区,则考虑田间节水灌溉模式。

(2)样点灌区具有可执行性。

所选样点灌区必须具有基本量水设备,且保证有开展测算工作技术条件和经费支持,并能及时可靠地测算分析基础数据。

(3)样点灌区必须保持相对稳定。

所选样点灌区要保持年际稳定,能够获取期限年份内比较可靠的数据。

本次样点灌区遍布全省14个行政区13个水资源三级区,综合考虑灌区类型、档次和不同的水源类型,共选取样点灌区202个,其中大型灌区23个、中型灌区79个、小型灌区100个。

2.1.1.2 样点灌区数量

(1)大型灌区:以2022年湖南省灌区统计数据为例,湖南省共有大型灌区23处,均纳入测算分析范围,即大型灌区总数量为大型灌区样点灌区数量。其中,采用提水灌溉方式的大型样点灌区有2个,分别为青山水轮泵站灌区、岩马灌区;采用自流引水灌溉方式的大型样点灌区有21个,分别为官庄灌区、黄材灌区、酒埠江灌区、韶山灌区、欧阳海灌区、六都寨灌区、大圳灌区、铁山灌区、浣水灌区、枉水灌区、西湖灌区、黄石水库灌区、澧阳平原灌区、张家界灌区、桃花江灌区、双牌灌区、青山垅灌区、淑水灌区、白马灌区、酉水灌区、武水灌区。

（2）中型灌区：以 2022 年湖南省灌区统计数据为例，湖南省共有中型灌区 636 个，按灌溉方式不同，湖南省中型灌区可分为两种，其中采用提水灌溉方式的中型灌区共 140 个，采用自流引水灌溉方式的中型灌区共 496 个；按设计灌溉面积大小，湖南省中型灌区分为 3 个档次，中型灌区（1 万~5 万亩）共 477 个，中型灌区（5 万~15 万亩）共 140 个，中型灌区（15 万~30 万亩）共 19 个。

湖南省中型样点灌区的选择按照每个档次样点灌区数量不少于本省省级区域相应档次灌区总数的 5%，且各档次样点灌区有效灌溉面积不应少于本省省级区域相应档次灌区有效灌溉面积的 10%，每个档次样点灌区均应以包括提水和自流引水 2 种水源类型的原则进行。以 2022 年湖南省灌区统计为例，湖南省中型样点灌区共计 79 个，其中中型样点灌区（1 万~5 万亩）共计 54 个，提水灌溉方式的中型灌区（1 万~5 万亩）共 9 个，分别为苏州坝灌区、涟家港电灌灌区、亲仁水轮泵灌区、红旗水轮泵灌区、重阳水轮泵站灌区、岩泊渡灌区、于家冲电灌站灌区、飞仙水轮泵站灌区、红星泵站灌区；采用自流引水灌溉方式的中型灌区（1 万~5 万亩）共计 45 个，分别为红旗灌区、金井灌区、洞庭桥灌区、格塘水库灌区、关山灌区、皮佳如灌区、藕塘灌区、雪峰山灌区、印子山水库灌区、红日水库灌区、石坝口水库灌区、中路铺水库灌区、西塘灌区、白石园水库灌区、石狮堰灌区、上沙江灌区、马皇冲灌区、天台山灌区、汨罗水库灌区、忠防水库灌区、两河口水库灌区、九龙水库灌区、西溪水库灌区、曾家峪水库灌区、高家溪水库灌区、胜天水库灌区、碧螺灌区、七里村灌区、朱公塘灌区、文家冲水库灌区、双龙水库灌区、凤仙桥水库灌区、贤江灌区、柳泉灌区、两江口灌区、金厂坪灌区、峡山塘灌区、群力灌区、千金灌区、几车河灌区、苗儿滩灌区、洗洛河灌区、天堂垅灌区、梓林溪灌区、双潭溪灌区。中型灌区（5 万~15 万亩）共计 19 个，采用提水灌溉方式的中型灌区（5 万~15 万亩）1 个，为官垸灌区；采用自流引水灌溉方式的中型灌区（5 万~15 万亩）共计 18 个，分别为田坪灌区、乌川灌区、梅田灌区、马尾皂灌区、牛形山水库灌区、斜陂堰水库灌区、黄家坝灌区、向兰灌区、三里溪水库灌区、山门太青水库灌区、鱼形山灌区、克上冲灌区、龙江桥水库灌区、莲塘灌区、长田湾灌区、梨溪口灌区、南冲灌区、半山灌区。中型灌区（15 万~30 万亩）共计 6 个，其中采用提水灌溉方式的中型灌区（15 万~30 万亩）1 个，为沙河口灌区；采用自流引水灌溉方式的中型灌区(15 万~30 万亩)共计 5 个,分别为洋泉灌区、威溪水库灌区、龙源水库灌区、共双茶灌区、大江灌区。

(3)小型灌区:以 2022 年湖南省灌区统计数据为例,湖南省共有小型灌区 73 174 个,其中采用提水灌溉方式的小型灌区共计 3 788 个,采用自流引水灌溉方式的小型灌区共计 69 386 个。根据小型灌区样点灌区数量按不少于全省小型灌区取样范围内数量的 0.5%,一般不超过 100 个,最少不少于 10 个。样点灌区包括提水和自流引水 2 种水源类型,湖南省小型样点灌区共选择 100 个,其中采用提水灌溉方式的小型灌区共计 6 个,分别为竹湾电灌站灌区、丰车桥泵站灌区、南乡水轮泵站灌区、皂角渡电灌站灌区、金蚌电灌站灌区、青岗灌区;采用自流引水灌溉方式的小型灌区共计 94 个,分别为石牛水库灌区、战备水库灌区、青山水库灌区、元冲水库灌区、康宁冲灌区、文佳冲灌区、东风水库灌区、白石洞灌区、虎形灌区、东塘灌区、汉塘灌区、大坝冲水库灌区、大塘水库灌区、东泥冲水库灌区、郭家冲水库灌区、回龙水库灌区、飞轮水库灌区、白洋水库灌区、碧云水库灌区、卫星水库灌区、罗市水库灌区、五龙山水库灌区、铁螺冲水库灌区、超湖水库灌区、龙潭冲水库灌区、何家坑水库灌区、石冲水库灌区、石排子水库灌区、三口桥水库灌区、合兴水库灌区、畔塘水库灌区、雅江灌区、梅树水库灌区、斜家塘水库灌区、梅子水库灌区、杨柳水库灌区、徐家冲水库灌区、龙头坝灌区、李家冲灌区、大里塘灌区、江家冲灌区、东岳灌区、南山灌区、沈家冲灌区、大塘灌区、蔡家坡水库灌区、花瓦水库灌区、简家湾水库灌区、金家水库灌区、红旗水库灌区、红阳水库灌区、长岭岗水库灌区、傅家塅水库灌区、广溪山水库灌区、占家冲水库灌区、刘家峪水库灌区、红旗水库灌区、李家垭水库灌区、毛安水库灌区、东风水库灌区、金星水库灌区、咸溪沟水库灌区、白江坳水库灌区、板桥村水库灌区、丰口味水库灌区、石溪水库灌区、银河水库灌区、关山水库灌区、水口庙水库灌区、大牛冲水库灌区、高彼塘水库灌区、白马水库灌区、柏家水库灌区、东成水库灌区、大源水库灌区、南正口水库灌区、石龙水库源头水库灌区、龙潭水库灌区、桃树塘水库灌区、大新灌区、邓家塘灌区、田家溪小型灌区、仲黄坪小型灌区、巽公坡水库灌区、双溪冲小型灌区、兔冲水库灌区、夹石溪水库灌区、黑岩洞水库灌区、曾家洞水库灌区、维山灌区、洞里灌区、甲木溪灌区、超英灌区、乌金坪灌区。

(4)纯井灌区:纯井灌区应区分土质渠道地面灌、防渗渠道地面灌、管道输水地面灌、喷灌、微灌等 5 种灌溉类型选择代表性样点灌区,同种主要土壤类型、同种主要作物至少选择 2 个样点灌区,且要在省级区域范围内分布均匀,作物种类应选择当地该灌溉形式下的主要类型。对于纯井灌区某种类型灌区有效灌溉面积占该省级区域纯井灌区有效灌溉面积的 30% 及以上时,该类型灌区样点灌区数量须按上述选取数量要求的 2 倍选取。

湖南省灌区主要由大型灌区、中型灌区和小型灌区组成,暂无纯井灌区。

2.1.2 灌区灌溉水有效利用系数的计算

根据《全国农田灌溉水有效利用系数测算分析技术指导细则》要求,湖南省灌溉水有效利用系数采用首尾测算分析法进行计算,即直接灌入田间可被作物吸收利用的水量(净灌溉用水量)与灌区从水源取用的灌溉总水量(毛灌溉用水量)的比值来计算灌区灌溉水有效利用系数,计算分析时段采用日历年(每年 1 月 1 日起至 12 月 31 日止)。计算公式如下:

$$\eta_{样} = \frac{W_{净}}{W_{毛}} \tag{2-1}$$

式中 $\eta_{样}$——灌区灌溉水有效利用系数;

$W_{净}$——灌区净灌溉用水总量,m^3;

$W_{毛}$——灌区毛灌溉用水总量,m^3。

2.1.3 样点灌区灌溉水有效利用系数的计算

湖南省灌区无有淋洗盐碱要求的灌区,也没有采用地表水与地下水互补的"井渠结合"灌区,因此湖南省样点灌区灌溉水有效利用系数无须修正,其计算公式如下:

$$\eta_{样} = \frac{W_{样净}}{W_{样毛}} \tag{2-2}$$

式中 $\eta_{样}$——样点灌区灌溉水有效利用系数;

$W_{样净}$——样点灌区净灌溉用水量,m^3;

$W_{样毛}$——样点灌区毛灌溉用水量,m^3。

2.1.4 省级区域灌溉水有效利用系数的测算方法

根据《全国农田灌溉水有效利用系数测算分析技术指导细则》要求,并根据湖南省不同规模与不同类型样点灌区灌溉水有效利用系数,计算湖南省省级区域相应规模与类型灌区的灌溉水有效利用系数,再根据省级区域不同规模与不同类型灌区灌溉水有效利用系数及其年毛灌溉用水量加权平均,得出湖南省灌溉水有效利用系数。

2.1.4.1　省级区域大型灌区灌溉水有效利用系数的测算方法

湖南省所对应大型灌区的农田灌溉水有效利用系数,主要依据各大型灌区样点灌区灌溉水有效利用系数与用水量加权平均后得出。省级区域大型灌区灌溉水有效利用系数计算公式如下:

$$\eta_{\text{省大}} = \frac{\displaystyle\sum_{i=1}^{N} \eta_{i\text{样大}} \cdot W_{i\text{样大}}}{\displaystyle\sum_{i=1}^{N} W_{i\text{样大}}} \tag{2-3}$$

式中　$\eta_{\text{省大}}$——省级区域大型灌区灌溉水有效利用系数;

　　　$\eta_{i\text{样大}}$—— 第 i 个大型灌区样点灌区灌溉水有效利用系数;

　　　$W_{i\text{样大}}$—— 第 i 个大型灌区样点灌区年毛灌溉用水量,万 m^3;

　　　N——省级区域大型灌区样点灌区数量,个。

2.1.4.2　省级区域中型灌区灌溉水有效利用系数的测算方法

湖南省区域中型灌区灌溉水有效利用系数,主要以中型灌区 3 个档次样点灌区灌溉水有效利用系数为基础,采用算术平均法分别计算 1 万~5 万亩、5 万~15 万亩、15 万~30 万亩灌区的灌溉水有效利用系数;然后与 1 万~5 万亩、5 万~15 万亩、15 万~30 万亩灌区年毛灌溉用水量加权平均得出,中型灌区灌溉水有效利用系数计算公式如下:

$$\eta_{\text{省中}} = \frac{\eta_{(1\sim5)} \cdot W_{\text{省毛}(1\sim5)} + \eta_{(5\sim15)} \cdot W_{\text{省毛}(5\sim15)} + \eta_{(15\sim30)} \cdot W_{\text{省毛}(15\sim30)}}{W_{\text{省毛}(1\sim5)} + W_{\text{省毛}(5\sim15)} + W_{\text{省毛}(15\sim30)}}$$

$$\tag{2-4}$$

式中　$\eta_{\text{省中}}$——省级区域中型灌区灌溉水有效利用系数;

　　　$\eta_{(1\sim5)}$、$\eta_{(5\sim15)}$、$\eta_{(15\sim30)}$ ——省级区域内 1 万~5 万亩、5 万~15 万亩、15 万~30 万亩灌区不同规模样点灌区灌溉水有效利用系数;

　　　$W_{\text{省毛}(1\sim5)}$、$W_{\text{省毛}(5\sim15)}$、$W_{\text{省毛}(15\sim30)}$——省级区域内 1 万~5 万亩、5 万~15 万亩、15 万~30 万亩灌区不同规模样点灌区年毛灌溉用水量,万 m^3。

2.1.4.3　省级区域小型灌区灌溉水有效利用系数的测算方法

湖南省区域小型灌区灌溉水有效利用系数,以测算分析得出的各个小型

样点灌区灌溉水有效利用系数为基础,采用算术平均法计算省级区域小型灌区灌溉水有效利用系数。计算公式如下:

$$\eta_{省小} = \frac{1}{n}\sum_{i=1}^{n}\eta_{i样小} \tag{2-5}$$

式中　$\eta_{省小}$——省级区域小型灌区灌溉水有效利用系数;

　　　$\eta_{i样小}$——省级区域第 i 个小型灌区样点灌区灌溉水有效利用系数;

　　　n——省级区域小型灌区样点灌区数量,个。

2.1.4.4　省级区域纯井灌区灌溉水有效利用系数的测算方法

以测算分析得出的各种类型纯井灌区和样点灌区灌溉水有效利用系数为基础,采用算术平均法分别计算土质渠道地面灌、防渗渠道地面灌、管道输水地面灌、喷灌、微灌等 5 种类型灌区样点灌区的灌溉水有效利用系数;然后,按不同类型灌区年毛灌溉用水量加权平均,计算得出省级区域纯井灌区的灌溉水有效利用系数。计算公式如下:

$$\eta_{省井} = \frac{\eta_{土}W_{省土} + \eta_{防}W_{省防} + \eta_{管}W_{省管} + \eta_{喷}W_{省喷} + \eta_{微}W_{省微}}{W_{省土} + W_{省防} + W_{省管} + W_{省喷} + W_{省微}} \tag{2-6}$$

式中　$\eta_{土}$、$\eta_{防}$、$\eta_{管}$、$\eta_{喷}$、$\eta_{微}$——省级区域土质渠道地面灌、防渗渠道地面灌、管道输水地面灌、喷灌、微灌等 5 种类型样点灌区的灌溉水有效利用系数;

　　　$W_{省土}$、$W_{省防}$、$W_{省管}$、$W_{省喷}$、$W_{省微}$——省级区域土质渠道地面灌、防渗渠道地面灌、管道输水地面灌、喷灌、微灌等 5 种类型纯井灌区的年毛灌溉用水量,万 m^3。

2.1.4.5　省级区域灌溉水有效利用系数的测算方法

根据《全国农田灌溉水有效利用系数测算分析技术指导细则》要求,省级区域灌溉水有效利用系数 $\eta_{省}$ 是指省级区域年净灌溉用水量 $W_{省净}$ 与年毛灌溉用水量 $W_{省毛}$ 的比值。在已知各规模与类型灌区灌溉水有效利用系数和年毛灌溉用水量情况下,省级区域灌溉水有效利用系数按下式计算:

$$\eta_{省} = \frac{\eta_{省大}W_{省大} + \eta_{省中}W_{省中} + \eta_{省小}W_{省小} + \eta_{省井}W_{省井}}{W_{省大} + W_{省中} + W_{省小} + W_{省井}} \tag{2-7}$$

式中　$\eta_{省大}$、$\eta_{省中}$、$\eta_{省小}$、$\eta_{省井}$——省级区域大、中、小型灌区和纯井灌区的灌溉水有效利用系数;

　　　$W_{省大}$、$W_{省中}$、$W_{省小}$、$W_{省井}$——省级区域大、中、小型灌区和纯井灌区的年毛灌溉用水量,万 m^3。

2.2　湖南省灌区灌溉水有效利用系数的分析与测算

2.2.1　湖南省灌区年毛灌溉用水量分析

2.2.1.1　年毛灌溉用水量测算方法

灌区毛灌溉用水量 $W_毛$ 是指灌区全年从水源(一个或多个)取用的用于农田灌溉的总水量,样点灌区年毛灌溉用水量的计算公式如下:

$$W_{样毛} = \sum_{i=1}^{n} W_{i样毛} \tag{2-8}$$

式中　$W_{样毛}$——样点灌区年毛灌溉用水量,m³;

　　　　$W_{i样毛}$——样点灌区第 i 个水源取水量,m³。

　　　　n——样点灌区水源数量,个。

2.2.1.2　大型灌区年毛灌溉用水量分析

本书通过实测记录确定 2014—2022 年湖南省各大型样点灌区年毛灌溉用水量。由表 2-1 可知,湖南省大型灌区年毛灌溉用水量均表现为 $W_{自毛} > W_{提毛}$,提水毛灌溉用水量、自流引水毛灌溉用水量均值分别占毛灌溉用水量均值的 6.02%、93.98%,说明湖南省大型灌区主要灌溉方式为自流引水灌溉。2022 年大型灌区提水灌溉毛灌溉用水量出现最大值,为 26 135.00 万 m³,2014 年大型灌区自流引水毛灌溉用水量、年毛灌溉用水量均出现最大值,分别为 433 390.30 万 m³、448 046.30 万 m³;2014 年大型灌区提水毛灌溉用水量出现最小值,为 14 656.00 万 m³;2020 年自流引水毛灌溉用水量、年毛灌溉用水量均出现最小值,分别为 330 497.08 万 m³、352 392.08 万 m³。

表 2-1　湖南省大型样点灌区年毛灌溉用水量统计　　　　单位:万 m³

序号	年份	提水毛灌溉用水量 ($W_{提毛}$)	自流引水毛灌溉用水量 ($W_{自毛}$)	毛灌溉用水量 ($W_毛$)
1	2014	14 656.00	433 390.30	448 046.30
2	2015	23 193.00	343 460.32	366 653.32
3	2016	23 221.92	348 417.12	371 639.04
4	2017	22 978.00	342 849.93	365 827.93
5	2018	22 747.00	338 278.37	361 025.37

续表 2-1

序号	年份	提水毛灌溉 用水量($W_{提毛}$)	自流引水毛灌溉 用水量($W_{自毛}$)	毛灌溉用水量 ($W_毛$)
6	2019	23 142. 20	340 854. 92	363 997. 12
7	2020	21 895. 00	330 497. 08	352 392. 08
8	2021	25 757. 50	337 671. 35	363 428. 85
9	2022	26 135. 00	364 728. 33	390 863. 33
	平均值	22 636. 18	353 349. 75	375 985. 93

2.2.1.3 中型灌区年毛灌溉用水量分析

本书通过实测记录确定湖南省 2014—2022 年各中型样点灌区年毛灌溉用水量,并按设计灌溉面积大小将中型灌区分为 1 万~5 万亩、5 万~15 万亩、15 万~30 万亩 3 个档次,中型样点灌区年毛灌溉用水总量见表 2-2~表 2-4。

1. 中型灌区(1 万~5 万亩)

由表 2-2 可知,湖南省中型灌区(1 万~5 万亩)年毛灌溉用水量表现为 $W_{自毛}>W_{提毛}$,提水毛灌溉用水量、自流引水毛灌溉用水量均值分别占毛灌溉用水量均值的 13.01%、86.99%,中型灌区(1 万~5 万亩)主要灌溉方式为自流引水灌溉。2014 年中型灌区(1 万~5 万亩)提水毛灌溉用水量、自流引水毛灌溉用水量、年毛灌溉用水量均出现最大值,分别为 7 309.22 万 m³、57 307.90 万 m³、64 617.12 万 m³;2020 年中型灌区(1 万~5 万亩)提水毛灌溉用水量、年毛灌溉用水量均出现最小值,分别为 5 199.90 万 m³、41 334.26 万 m³;2015 年中型灌区(1 万~5 万亩)自流引水毛灌溉用水量出现最小值,为 35 272.49 万 m³。

表 2-2 中型灌区(1 万~5 万亩)年毛灌溉用水量统计 单位:万 m³

序号	年份	提水毛灌溉 用水量($W_{提毛}$)	自流引水毛灌溉 用水量($W_{自毛}$)	毛灌溉用水量 ($W_毛$)
1	2014	7 309. 22	57 307. 90	64 617. 12
2	2015	5 675. 37	35 272. 49	40 947. 86
3	2016	5 687. 82	35 803. 51	41 491. 33
4	2017	5 602. 12	38 439. 29	44 041. 41
5	2018	5 599. 73	37 507. 80	43 107. 53

续表 2-2

序号	年份	提水毛灌溉用水量($W_{提毛}$)	自流引水毛灌溉用水量($W_{自毛}$)	毛灌溉用水量($W_{毛}$)
6	2019	5 403.26	36 751.39	42 154.65
7	2020	5 199.90	36 134.35	41 334.25
8	2021	5 319.51	36 859.29	42 178.80
9	2022	6 577.74	36 245.56	42 823.30
平均值		5 819.41	38 924.62	44 744.03

2. 中型灌区(5 万~15 万亩)

由表 2-3 可知,湖南省中型灌区(5 万~15 万亩)年毛灌溉用水量均表现为 $W_{自毛} > W_{提毛}$,提水毛灌溉用水量、自流引水毛灌溉用水量均值分别占毛灌溉用水量均值的 4.67%、95.33%,说明湖南省中型灌区(5 万~15 万亩)主要灌溉方式为自流引水灌溉。2021 年中型灌区(5 万~15 万亩)提水毛灌溉用水量出现最大值,为 2 674.09 万 m^3;2014 年中型灌区(5 万~15 万亩)自流引水毛灌溉用水量、年毛灌溉用水量均出现最大值,分别为 57 770.18 万 m^3、59 322.29 万 m^3;2014 年中型灌区(5 万~15 万亩)提水毛灌溉用水量出现最小值,为 1 552.11 万 m^3;2015 年中型灌区(5 万~15 万亩)自流引水毛灌溉用水量、年毛灌溉用水量均出现最小值,分别为 40 460.04 万 m^3、42 927.94 万 m^3。

表 2-3　中型灌区(5 万~15 万亩)年毛灌溉用水量统计　　单位:万 m^3

序号	年份	提水毛灌溉用水量($W_{提毛}$)	自流引水毛灌溉用水量($W_{自毛}$)	毛灌溉用水量($W_{毛}$)
1	2014	1 552.11	57 770.18	59 322.29
2	2015	2 467.91	40 460.04	42 927.95
3	2016	2 368.20	40 931.81	43 300.01
4	2017	2 453.00	41 095.71	43 548.71
5	2018	2 220.00	42 400.21	44 620.21
6	2019	1 873.00	41 566.07	43 439.07
7	2020	1 723.00	43 289.70	45 012.70
8	2021	2 674.09	44 807.69	47 481.78
9	2022	2 220.00	47 117.63	49 337.63
平均值		2 172.37	44 382.12	46 554.48

3. 中型灌区(15 万～30 万亩)

由表 2-4 可知,湖南省中型灌区(15 万～30 万亩)年毛灌溉用水量均表现为 $W_{自毛}>W_{提毛}$,提水毛灌溉用水量、自流引水毛灌溉用水量均值分别占毛灌溉用水量均值的 22.79%、77.21 %,说明湖南省中型灌区(15 万～30 万亩)主要灌溉方式为自流引水灌溉。2021 年中型灌区(15 万～30 万亩)提水毛灌溉用水量出现最大值,为 9 489.50 万 m^3;2014 年中型灌区(15 万～30 万亩)自流引水毛灌溉用水量、年毛灌溉用水量均出现最大值,分别为 39 299.10 万 m^3、45 212.10 万 m^3;2014 年中型灌区(15 万～30 万亩)提水毛灌溉用水量出现最小值,为 5 913.00 万 m^3;2020 年中型灌区(15 万～30 万亩)自流引水毛灌溉用水量、年毛灌溉用水量均出现最小值,分别为 22 829.50 万 m^3、30 813.50 万 m^3。

表 2-4　中型灌区(15 万～30 万亩)年毛灌溉用水量统计　　单位:万 m^3

序号	年份	提水毛灌溉用水量 ($W_{提毛}$)	自流引水毛灌溉 用水量($W_{自毛}$)	毛灌溉用水量 ($W_{毛}$)
1	2014	5 913.00	39 299.10	45 212.10
2	2015	8 130.00	23 445.48	31 575.48
3	2016	7 740.00	24 150.48	31 890.48
4	2017	8 028.00	23 715.18	31 743.18
5	2018	7 923.00	23 437.60	31 360.60
6	2019	7 368.00	23 541.00	30 909.00
7	2020	7 984.00	22 829.50	30 813.50
8	2021	9 489.50	24 214.60	33 704.10
9	2022	6 946.00	30 908.78	37 854.78
平均值		7 724.61	26 171.30	33 895.91

4. 中型样点灌区年毛灌溉用水量

由表 2-5 可知,湖南省中型样点灌区年毛灌溉用水量表现为 $W_{自毛}>W_{提毛}$,提水毛灌溉用水量、自流引水毛灌溉用水量分别占毛灌溉用水量的 12.55%、87.45%,说明湖南省中型灌区主要灌溉方式为自流引水灌溉。2021 年中型灌区提水毛灌溉用水量出现最大值,为 17 483.10 万 m^3;2014 年中型灌区自流引水毛灌溉用水量、年毛灌溉用水量均出现最大值,分别为 154 377.18

万 m³、169 151. 51 万 m³;2019 年中型灌区提水毛灌溉用水量出现最小值,为
14 644. 26 万 m³;2015 年中型灌区自流引水毛灌溉用水量、年毛灌溉用水量均
出现最小值,分别为 99 178. 01 万 m³、115 451. 28 万 m³。

表 2-5　湖南省中型样点灌区年毛灌溉量统计　　　单位:万 m³

序号	年份	提水毛灌溉用水量 ($W_{提毛}$)	自流引水毛灌溉用水量 ($W_{自毛}$)	毛灌溉用水量 ($W_{毛}$)
1	2014	14 774. 33	154 377. 18	169 151. 51
2	2015	16 273. 28	99 178. 01	115 451. 28
3	2016	15 796. 02	100 885. 81	116 681. 83
4	2017	16 083. 12	103 250. 18	119 333. 30
5	2018	15 742. 73	103 345. 61	119 088. 34
6	2019	14 644. 26	101 858. 46	116 502. 72
7	2020	14 906. 90	102 253. 55	117 160. 45
8	2021	17 483. 10	105 881. 58	123 364. 68
9	2022	15 743. 74	114 271. 97	130 015. 71
平均值		15 716. 39	109 478. 04	125 194. 43

2.2.1.4　小型样点灌区年毛灌溉用水量分析

由表 2-6 可知,湖南省小型样点灌区年毛灌溉用水量表现为 $W_{自毛}>W_{提毛}$,
提水毛灌溉用水量、自流引水毛灌溉用水量分别占毛灌溉用水量的 4. 53%、
95. 47%,说明湖南省小型灌区主要灌溉方式为自流引水灌溉。2014 年小型
灌区提水毛灌溉用水量、自流引水毛灌溉用水量、年毛灌溉用水量均出现最大
值,分别为 1 018. 00 万 m³、16 912. 99 万 m³、17 930. 99 万 m³;2015 年小型灌
区提水毛灌溉用水量出现最小值,为 496. 59 万 m³;2020 年小型灌区自流引水毛
灌溉用水量、年毛灌溉用水量均出现最小值,分别为 11 594. 10 万 m³、12 136. 63
万 m³。

表 2-6　湖南省小型样点灌区年毛灌溉用水量统计　　　单位:万 m³

序号	年份	提水毛灌溉用水量 ($W_{提毛}$)	自流引水毛灌溉用水量 ($W_{自毛}$)	毛灌溉用水量 ($W_毛$)
1	2014	1 018.00	16 912.99	17 930.99
2	2015	496.59	11 775.16	12 271.75
3	2016	536.80	12 045.62	12 582.42
4	2017	530.68	12 058.02	12 588.70
5	2018	544.80	11 923.85	12 468.65
6	2019	538.27	11 874.50	12 412.77
7	2020	542.53	11 594.10	12 136.63
8	2021	527.92	11 722.84	12 250.76
9	2022	574.21	12 011.62	12 585.83
平均值		589.98	12 435.41	13 025.39

2.2.1.5　湖南省样点灌区年毛灌溉用水量分析

由表 2-7 可知,湖南省样点灌区年毛灌溉用水量表现为 $W_{自毛}>W_{提毛}$,提水毛灌溉用水量、自流引水毛灌溉用水量分别占毛灌溉用水量的 7.57 %、92.43 %,说明湖南省样点灌区主要灌溉方式为自流引水灌溉。2021 年样点灌区提水毛灌溉用水量出现最大值,为 43 768.52 万 m³;2014 年样点灌区自流引水毛灌溉用水量、年毛灌溉用水量均出现最大值,分别为用 604 680.43 万 m³、635 128.75 万 m³;2014 年样点灌区提水毛灌溉用水量出现最小值,为 30 448.33 万 m³;2020 年样点灌区自流引水毛灌溉用水量、年毛灌溉用水量均出现最小值,分别为 444 344.72 万 m³、481 689.16 万 m³。

表 2-7　湖南省样点灌区年毛灌溉用水量统计　　　单位:万 m³

序号	年份	提水毛灌溉用水量 ($W_{提毛}$)	自流引水毛灌溉 用水量($W_{自毛}$)	毛灌溉用水量 ($W_毛$)
1	2014	30 448.33	604 680.43	635 128.76
2	2015	39 962.87	454 413.49	494 376.36
3	2016	39 554.75	461 348.55	500 903.30
4	2017	39 591.81	458 158.13	497 749.94
5	2018	39 034.53	453 547.84	492 582.37

续表 2-7

序号	年份	提水毛灌溉用水量（$W_{提毛}$）	自流引水毛灌溉用水量（$W_{自毛}$）	毛灌溉用水量（$W_{毛}$）
6	2019	38 324.73	454 587.88	492 912.61
7	2020	37 344.43	444 344.72	481 689.15
8	2021	43 768.52	455 275.77	499 044.29
9	2022	42 452.95	491 011.92	533 464.87
平均值		38 942.55	475 263.19	514 205.74

2.2.2　灌区灌溉水有效利用系数分析与计算

灌区灌溉水有效利用系数根据《全国农田灌溉水有效利用系数测算分析技术指导细则》要求，采用首尾测算分析法测算各规模和类型的样点灌区灌溉水有效利用系数。

2.2.2.1　省级区域大型灌区

湖南省省级区域大型灌区灌溉水有效利用系数根据各大型灌区灌溉水有效利用系数与毛灌溉用水量加权平均后得出，计算公式见式（2-3）。

由表 2-8 可知，湖南省省级区域大型灌区尤其 2017—2022 年灌溉水有效利用系数表现为 $\eta_{提} > \eta_{大} > \eta_{自}$，说明湖南省省级区域大型灌区提水灌溉灌溉水有效利用系数高于自流引水灌溉的。提水灌溉、自流引水灌溉和省级区域大型灌区灌溉水有效利用系数均呈逐年上升的趋势，2022 年提水灌溉、自流引水灌溉和省级区域大型灌区灌溉水有效利用系数均出现最大值，分别为 0.562 5、0.549 5、0.550 4；2014 年提水灌溉、自流引水灌溉和省级区域大型灌区灌溉水有效利用系数均出现最小值，分别为 0.481 3、0.492 2、0.491 8。

表 2-8　湖南省省级大型灌区灌溉水有效利用系数统计

序号	年份	提水灌溉灌溉水有效利用系数（$\eta_{提}$）	自流引水灌溉灌溉水有效利用系数（$\eta_{自}$）	灌区灌溉水有效利用系数（$\eta_{大}$）
1	2014	0.481 3	0.492 2	0.491 8
2	2015	0.498 5	0.501 8	0.501 6
3	2016	0.512 0	0.507 7	0.508 0

续表 2-8

序号	年份	提水灌溉灌溉水有效利用系数（$\eta_{提}$）	自流引水灌溉灌溉水有效利用系数（$\eta_{自}$）	灌区灌溉水有效利用系数（$\eta_{大}$）
4	2017	0.523 1	0.515 8	0.516 3
5	2018	0.526 2	0.523 2	0.523 4
6	2019	0.542 1	0.531 8	0.532 4
7	2020	0.546 7	0.537 7	0.538 2
8	2021	0.557 4	0.544 8	0.545 7
9	2022	0.562 5	0.549 5	0.550 4
平均值		0.527 8	0.522 7	0.523 1

2.2.2.2 省级区域中型灌区

湖南省省级区域中型灌区灌溉水有效利用系数的计算是以中型灌区 3 个档次样点灌区灌溉水有效利用系数为基础，采用算术平均法分别计算湖南省1 万~5 万亩、5 万~15 万亩、15 万~30 万亩灌区灌溉水有效利用系数；然后将汇总得出的 1 万~5 万亩、5 万~15 万亩、15 万~30 万亩灌区年毛灌溉用水量加权平均算得，计算公式见式(2-4)，计算结果如下。

1. 中型灌区(1 万~5 万亩)

湖南省省级区域中型灌区(1 万~5 万亩)提水灌溉灌溉水有效利用系数高于自流引水灌溉的。湖南省省级区域中型灌区(1 万~5 万亩)灌溉水有效利用系数表现为 $\eta_{提} > \eta_{中} > \eta_{自}$；提水灌溉、自流引水灌溉和省级区域中型灌区(1 万~5 万亩)灌溉水有效利用系数均呈逐年上升的趋势；2022 年提水灌溉、自流引水灌溉和省级区域中型灌区(1 万~5 万亩)灌溉水有效利用系数均出现最大值，分别为 0.559 6、0.554 8、0.555 6；2014 年提水灌溉、自流引水灌溉和省级区域中型灌区(1 万~5 万亩)灌溉水有效利用系数均出现最小值，分别为 0.491 5、0.482 0、0.483 5。

表 2-9　湖南省省级区域中型灌区(1 万~5 万亩)灌溉水有效利用系数统计

序号	年份	提水灌溉灌溉水有效利用系数($\eta_\text{提}$)	自流引水灌溉灌溉水有效利用系数($\eta_\text{自}$)	灌区灌溉水有效利用系数($\eta_\text{大}$)
1	2014	0.491 5	0.482 0	0.483 5
2	2015	0.499 8	0.492 8	0.494 0
3	2016	0.507 1	0.502 7	0.503 4
4	2017	0.518 8	0.514 6	0.515 2
5	2018	0.528 2	0.524 9	0.525 4
6	2019	0.537 6	0.535 9	0.536 2
7	2020	0.546 2	0.544 1	0.544 4
8	2021	0.553 9	0.550 0	0.550 6
9	2022	0.559 6	0.554 8	0.555 6
平均值		0.527 0	0.522 4	0.523 1

2. 中型灌区(5 万~15 万亩)

湖南省省级区域中型灌区(5 万~15 万亩)提水灌溉灌溉水有效利用系数高于自流引水灌溉的。由表 2-10 可知,湖南省省级区域中型灌区(5 万~15 万亩)灌溉水有效利用系数表现为 $\eta_\text{提}>\eta_\text{中}>\eta_\text{自}$;提水灌溉、自流引水灌溉和省级区域中型灌区(5 万~15 万亩)灌溉水有效利用系数均呈逐年上升的趋势,2022 年提水灌溉、自流引水灌溉和省级区域中型灌区(5 万~15 万亩)灌溉水有效利用系数均出现最大值,分别为 0.562 0、0.546 1、0.546 9;2015 年提水灌溉灌溉水有效利用系数出现最小值,为 0.494 6;2014 年自流引水灌溉和省级区域中型灌区(5 万~15 万亩)灌溉水有效利用系数均出现最小值,分别为0.474 8、0.476 8。

表 2-10　湖南省省级区域中型灌区(5 万~15 万亩)灌溉水有效利用系数统计

序号	年份	提水灌溉灌溉水有效利用系数($\eta_提$)	自流引水灌溉灌溉水有效利用系数($\eta_自$)	灌区灌溉水有效利用系数($\eta_大$)
1	2014	0.500 6	0.474 8	0.476 8
2	2015	0.494 6	0.481 6	0.482 5
3	2016	0.510 8	0.491 8	0.493 1
4	2017	0.517 7	0.504 7	0.505 5
5	2018	0.529 4	0.516 1	0.516 9
6	2019	0.541 9	0.526 9	0.527 8
7	2020	0.550 1	0.533 9	0.534 9
8	2021	0.555 0	0.538 0	0.539 0
9	2022	0.562 0	0.546 1	0.546 9
平均值		0.529 1	0.512 7	0.513 7

3. 中型灌区(15 万~30 万亩)

湖南省省级区域中型灌区(15 万~30 万亩)提水灌溉灌溉水有效利用系数高于自流引水灌溉的。由表 2-11 可知,湖南省省级区域中型灌区(15 万~30 万亩)灌溉水有效利用系数表现为 $\eta_提 > \eta_中 > \eta_自$;提水灌溉、自流引水灌溉和省级区域中型灌区(15 万~30 万亩)灌溉水有效利用系数均呈逐年上升的趋势;2022 年提水灌溉、自流引水灌溉和省级区域中型灌区(15 万~30 万亩)灌溉水有效利用系数均出现最大值,分别为 0.561 4、0.542 6、0.545 7;2015年提水灌溉灌溉水有效利用系数出现最小值,为 0.492 9;2014 年自流引水灌溉和省级区域中型灌区(15 万~30 万亩)灌溉水有效利用系数均出现最小值,分别为 0.468 9、0.475 6。

表 2-11　湖南省省级中型灌区(15 万~30 万亩)灌溉水有效利用系数统计

序号	年份	提水灌溉灌溉 水有效利用系数 ($\eta_{提}$)	自流引水灌溉 灌溉水有效利 用系数($\eta_{自}$)	灌区灌溉水 有效利用 系数($\eta_{大}$)
1	2014	0.502 0	0.468 9	0.475 6
2	2015	0.492 9	0.483 3	0.485 2
3	2016	0.509 9	0.488 4	0.492 7
4	2017	0.519 3	0.497 0	0.501 4
5	2018	0.529 6	0.506 3	0.511 0
6	2019	0.541 7	0.519 3	0.523 8
7	2020	0.550 0	0.530 2	0.534 1
8	2021	0.555 0	0.537 2	0.540 8
9	2022	0.561 4	0.542 6	0.545 7
平均值		0.529 1	0.508 1	0.512 3

4. 省级区域中型灌区灌溉水有效利用系数的计算与分析

湖南省省级区域中型灌区灌溉水有效利用系数通过根据各中型灌区样点灌区灌溉水有效利用系数与毛灌溉用水量加权平均后得出,计算公式见式(2-4)。

湖南省省级区域中型灌区提水灌溉灌溉水有效利用系数高于自流引水灌溉的。由表 2-12 可知,湖南省省级区域中型灌区灌溉水有效利用系数表现为 $\eta_{提} > \eta_{中} > \eta_{自}$;提水灌溉、自流引水灌溉和省级区域中型灌区灌溉水有效利用系数呈逐年上升的趋势;2022 年提水灌溉、自流引水灌溉和省级区域中型灌区灌溉水有效利用系数均出现最大值,分别为 0.560 7、0.547 9、0.549 4;2015 年提水灌溉灌溉水有效利用系数出现最小值,为 0.495 6;2014 年自流引水灌溉和省级区域中型灌区灌溉水有效利用系数均出现最小值,分别为 0.476 0、0.479 0。

表 2-12　湖南省省级区域中型灌区灌溉水有效利用系数统计

序号	年份	提水灌溉灌溉水有效利用系数（$\eta_{提}$）	自流引水灌溉灌溉水有效利用系数（$\eta_{自}$）	灌区灌溉水有效利用系数（$\eta_{大}$）
1	2014	0.496 7	0.476 0	0.479 0
2	2015	0.495 6	0.486 0	0.487 3
3	2016	0.509 0	0.494 9	0.496 6
4	2017	0.518 9	0.506 6	0.508 0
5	2018	0.529 1	0.517 0	0.518 4
6	2019	0.540 2	0.528 4	0.529 8
7	2020	0.548 7	0.536 7	0.538 0
8	2021	0.554 7	0.542 0	0.543 5
9	2022	0.560 7	0.547 9	0.549 4
平均值		0.528 2	0.515 1	0.516 7

2.2.2.3　省级区域小型灌区灌溉水有效利用系数的分析与计算

湖南省省级区域小型灌区灌溉水有效利用系数根据各小型灌区样点灌区灌溉水有效利用系数与毛灌溉用水量加权平均后得出，计算公式见式(2-5)。

湖南省省级区域小型灌区提水灌溉灌溉水有效利用系数高于自流引水灌溉的。由表 2-13 可知，湖南省省级区域小型灌区灌溉水有效利用系数表现为 $\eta_{提}>\eta_{小}>\eta_{自}$；提水灌溉、自流引水灌溉和省级区域小型灌区灌溉水有效利用系数呈逐年上升的趋势；2022 年提水灌溉、自流引水灌溉和省级区域小型灌区灌溉水有效利用系数均出现最大值，分别为 0.558 0、0.550 0、0.550 4；2014 年提水灌溉、自流引水灌溉和省级区域小型灌区灌溉水有效利用系数均出现最小值，分别为 0.495 8、0.492 6、0.492 9。

表 2-13　湖南省省级区域小型灌区灌溉水有效利用系数统计

序号	年份	提水灌溉灌溉水有效利用系数（$\eta_{提}$）	自流引水灌溉灌溉水有效利用系数（$\eta_{自}$）	灌区灌溉水有效利用系数（$\eta_{大}$）
1	2014	0.495 8	0.492 6	0.492 9
2	2015	0.499 6	0.504 3	0.504 0
3	2016	0.509 4	0.513 6	0.513 3
4	2017	0.521 1	0.522 3	0.522 2
5	2018	0.529 1	0.531 3	0.531 2
6	2019	0.539 4	0.540 7	0.540 6
7	2020	0.548 6	0.545 8	0.545 9
8	2021	0.550 8	0.545 2	0.545 6
9	2022	0.558 0	0.550 0	0.550 4
平均值		0.527 98	0.527 31	0.527 34

2.2.2.4　省级区域灌区灌溉水有效利用系数的计算

湖南省省级区域灌区灌溉水有效利用系数的计算方法是以各规模与类型灌区灌溉水有效利用系数和年毛灌溉用水总量为基础,采用加权平均法得出,计算公式见式(2-7)。

湖南省省级区域灌区提水灌溉灌溉水有效利用系数高于自流引水灌溉的。由表 2-14 可知,湖南省省级区域灌区灌溉水有效利用系数表现为 $\eta_{提} >$ $\eta_{省} > \eta_{自}$;省级区域提水灌溉、自流引水和省级区域灌区灌溉水有效利用系数呈逐年上升的趋势;2022 年提水灌溉、自流引水灌溉和省级区域灌区灌溉水有效利用系数均出现最大值,分别为 0.561 8、0.549 2、0.550 2;2014 年提水灌溉、自流引水灌溉和灌溉水有效利用系数均出现最小值,分别为 0.489 2、0.488 1、0.488 4。

表 2-14　　湖南省省级区域灌区灌溉水有效利用系数统计

序号	年份	提水灌溉灌溉水有效利用系数（$\eta_{提}$）	自流引水灌溉灌溉水有效利用系数（$\eta_{自}$）	灌区灌溉水有效利用系数（$\eta_{大}$）
1	2014	0.489 2	0.488 1	0.488 4
2	2015	0.497 0	0.498 4	0.498 2
3	2016	0.510 8	0.505 1	0.505 5
4	2017	0.521 3	0.513 9	0.514 5
5	2018	0.527 4	0.522 0	0.522 4
6	2019	0.541 3	0.531 3	0.532 0
7	2020	0.547 5	0.537 7	0.538 4
8	2021	0.556 2	0.544 1	0.545 1
9	2022	0.561 8	0.549 2	0.550 2
平均值		0.528 1	0.521 1	0.521 6

2.3　省级区域灌区灌溉水有效利用系数的时空变化特征分析

2.3.1　灌区灌溉水有效利用系数的时间变化特征分析

表 2-8~表 2-14 分析结果表明,湖南省大型灌区、中型灌区、小型灌区以及省级区域灌区灌溉水有效利用系数均呈逐年上升的趋势,省级区域灌区灌溉水有效利用系数年均增长率为 1.50%,提水灌溉方式灌溉水有效利用系数年均增长率为 1.75%,自流引水灌溉方式灌溉水有效利用系数年均增长率为 1.49%,灌溉水有效利用系数从大到小依次表现为提水灌溉>省级区域灌区灌溉>自流引水灌溉。

2.3.2　灌区灌溉水有效利用系数的空间变化特征分析

由表 2-15 可知,湖南省各市级行政区域及省级区域灌区灌溉水有效利用系数均呈现逐年增加的趋势;不同地区灌区灌溉水有效利用系数表现不同,市级行政区域灌溉水有效利用系数均值由大到小依次表现为张家界市>株洲市>湘潭市>长沙市;邵阳市灌溉水有效利用系数均值出现最小值,为 0.510 6。灌溉水有效利用系数年均增长率最大为益阳市,为 2.12%;年均增长率最小为株洲市,仅为 1.22%。

表 2-15　灌溉水有效利用系数测算值统计

序号	市(州)	2014 年	2015 年	2016 年	2017 年	2018 年	2019 年	2020 年	2021 年	2022 年	平均值
1	长沙市	0.501 1	0.513 0	0.521 1	0.530 6	0.539 2	0.545 1	0.548 6	0.552 3	0.555 7	0.534 1
2	株洲市	0.511 0	0.516 2	0.523 0	0.530 0	0.538 3	0.544 5	0.548 5	0.556 5	0.563 1	0.536 8
3	湘潭市	0.509 8	0.511 0	0.517 8	0.530 8	0.539 2	0.544 2	0.548 5	0.556 1	0.563 0	0.535 6
4	衡阳市	0.470 2	0.478 9	0.491 0	0.504 1	0.514 8	0.525 7	0.535 5	0.537 8	0.543 3	0.511 3
5	邵阳市	0.485 6	0.490 5	0.493 0	0.502 0	0.510 0	0.520 0	0.527 5	0.530 0	0.537 2	0.510 6
6	岳阳市	0.487 2	0.494 6	0.504 0	0.513 7	0.523 0	0.534 7	0.544 5	0.551 1	0.557 1	0.523 3
7	常德市	0.485 8	0.499 9	0.513 5	0.523 2	0.532 0	0.542 2	0.549 5	0.555 3	0.553 9	0.528 4
8	张家界市	0.504 0	0.524 0	0.530 5	0.536 5	0.542 5	0.548 2	0.553 5	0.561 0	0.565 4	0.540 6
9	益阳市	0.472 5	0.496 7	0.507 0	0.517 0	0.527 0	0.538 0	0.546 5	0.554 9	0.558 7	0.524 3
10	永州市	0.475 8	0.480 3	0.491 0	0.501 6	0.512 9	0.526 1	0.536 5	0.544 4	0.547 2	0.512 9
11	郴州市	0.490 8	0.498 0	0.507 0	0.514 7	0.524 1	0.535 3	0.543 5	0.550 6	0.552 8	0.524 1
12	怀化市	0.484 5	0.485 9	0.490 3	0.500 0	0.508 6	0.523 8	0.535 5	0.539 7	0.546 5	0.512 8
13	娄底市	0.471 6	0.479 3	0.490 3	0.500 0	0.515 5	0.531 1	0.538 5	0.543 5	0.550 2	0.513 3
14	湘西土家族苗族自治州	0.472 6	0.481 2	0.492 5	0.506 2	0.516 1	0.526 2	0.535 5	0.540 6	0.543 7	0.512 7
	平均值	0.487 3	0.496 4	0.505 1	0.515 0	0.524 5	0.534 7	0.542 3	0.548 1	0.552 7	—

注:湘西土家族苗族自治州简称湘西州,下同。

2.4 结 论

（1）不同灌区灌溉方式均以自流引水灌溉为主，大型灌区、中型灌区、小型灌区的自流引水灌溉方式的年毛灌溉用水量均高于提水灌溉的。

（2）大型灌区、中型灌区、小型灌区和省级区域灌区灌溉水有效利用系数均呈逐年上升的趋势，且表现为 $\eta_小 > \eta_大 > \eta_中$。不同灌区灌溉方式灌溉水有效利用系数均表现为提水灌溉>省级区域灌区灌溉>自流引水灌溉，不同地区灌区灌溉水有效利用系数表现为张家界市>株洲市>湘潭市>长沙市。2022 年省级区域灌溉水有效利用系数出现最高值，为 0.550 2。

第3章 灌区灌溉水有效利用系数
影响因素的分析

湖南省年降水量较多,不仅有长江、湘江、资江、沅江等众多河流流经,还拥有洞庭湖、铁山、欧阳海水库等众多水库和塘坝,降水、河流、水库是湖南省主要的灌溉水源。国内外大部分学者研究表明,灌区灌溉方式的选择与水资源条件、灌区规模、节水灌溉技术、工程投资情况、种植结构、土壤类型、管理水平密切相关。灌区主要灌溉方式一般为提水灌溉和自流引水灌溉,湖南省作为水资源丰沛地区,没有太大的灌溉压力,其灌溉方式多为自流引水灌溉[14]。本章通过研究2014—2022年样点灌区水资源条件、灌区规模、节水灌溉技术、工程投资情况、种植结构、土壤类型、管理水平等因素对灌区灌溉水有效利用系数的影响规律,构建灌区灌溉水有效利用系数模型,明确影响灌区灌溉水有效利用系数的关键因子,为全国灌溉水有效利用系数及全国不同规模和类型灌溉水有效利用系数的计算提供数据支撑和理论支持。

3.1 灌溉水有效利用系数影响因素的动态
变化特征分析

3.1.1 灌区灌溉水有效利用系数的变化特征分析

3.1.1.1 不同灌区类型灌溉水有效利用系数的变化特征分析

灌区规模对灌溉水有效利用系数有显著的影响。灌区规模不同,相应的渠系复杂程度和管理水平也会有一定的差异,由此导致灌溉水有效利用系数的差异。一般来说,灌区规模越大,灌溉水有效利用系数就越低,反之亦然。由表3-1可知,湖南省2014—2022年大型、中型、小型灌区及省级区域灌区平均灌溉水有效利用系数表现为$\eta_{小} > \eta_{大} > \eta_{省} > \eta_{中}$,且2018—2022年大型、中型、小型灌区及省级区域灌区平均灌溉水有效利用系数均高于2014—2017年的。多元线性回归方程结果进一步表明,提高大型灌区灌溉水有效利用系数是提高省级区域灌区灌溉水有效利用系数测算结果的关键。

表 3-1　　湖南省省级区域灌区灌溉水有效利用系数统计

年份	大型灌区灌溉水有效利用系数$\eta_{大}$	中型灌区灌溉水有效利用系数$\eta_{中}$	小型灌区灌溉水有效利用系数$\eta_{小}$	省级区域灌区灌溉水有效利用系数$\eta_{省}$
2014	0.491 8	0.479 0	0.492 9	0.488 4
2015	0.501 6	0.487 3	0.504 0	0.498 2
2016	0.508 0	0.496 6	0.513 3	0.505 5
2017	0.516 3	0.508 0	0.522 2	0.514 5
2018	0.523 4	0.518 4	0.531 2	0.522 4
2019	0.532 4	0.529 8	0.540 6	0.532 0
2020	0.538 2	0.538 0	0.545 9	0.538 4
2021	0.545 7	0.543 5	0.545 6	0.545 1
2022	0.550 4	0.549 4	0.550 4	0.550 2
平均值	0.523 1	0.516 7	0.527 3	0.521 6
多元线性回归方程	$y=-0.035+1.064x_1(P<0.01,R^2=0.999)$			

注:y 为因变量(省级区域灌溉水有效利用系数);x_1、x_2…、x_n 为自变量(其中,x_1、x_2、x_3 分别为大型灌区、中型灌区、小型灌区省级区域灌溉水有效利用系数)。

3.1.1.2　不同灌溉方式下灌区灌溉水有效利用系数的变化特征分析

湖南省灌溉方式的选择取决于地形地貌、土质条件、作物类型等因素,以及节约用水、提高农田效益和可持续发展的要求。湖南省地区主要灌溉方式为提水灌溉和自流引水灌溉,相比自流引水灌溉,提水灌溉不需要修建大型挡水或引水建筑物,受水源、地形、地质等条件的影响较小,一次性投资较低[26]。而自流引水灌溉不需要额外的能源投入,能够利用自然水流进行灌溉。但自流引水灌溉需要进行水流的调节和管理,以确保水量和水质稳定,同时也需要进行壅水建筑物的维护和管理。

灌排方式、节水意识是造成湖南地区 $\eta_{提}>\eta_{自}$ 的主要原因,湖南省大部分自流灌区特别是大中型自流灌区往往采用灌排结合的方式,骨干渠道长度和断面面积较大,需要通过二级或者三级提水方式进行灌溉,需抬高河道水位以顺利地实现输水,灌溉结束后河道滞留水量仍偏高,造成灌区灌溉水有效利用系数偏低。由表 3-2 可知,湖南省省级区域大型灌区、中型灌区、小型灌区及灌区灌溉水有效利用系数均值均表现为 $\eta_{提}>\eta_{自}$,抽水灌溉方式表现为 $\eta_{中提}>\eta_{省提}>\eta_{小提}>\eta_{大提}$,提水灌溉比自流引水灌溉的运行费用高,灌溉用水需要一定提水成本,农民更重视用水管理,可能是造成提水灌溉灌溉水有效利用系数提高的关键。自流引水灌溉方式表现为 $\eta_{小自}>\eta_{大自}>\eta_{省自}>\eta_{中自}$,小型灌区以自流引水灌溉为主,取水方便,运行成本低,管理相对粗放,工程配套不齐全,农民浪费水现象比较严重,导致灌溉水有效利用系数比较低,随着后期节水灌溉技术的投入、管理水平的提升,显著提高了小型灌区自流引水灌溉灌溉水有效利用系数。多元线性回归模型分析结果进一步表明,提高大型灌区自流引水灌溉的灌溉水有效利用系数 $\eta_{大自}$,可提高湖南省省级区域灌区的灌溉水有效利用系数的测算结果。

表 3-2　湖南省不同灌溉方式的灌溉水有效利用系数情况

年份	提水灌溉的灌溉水有效利用系数($\eta_{提}$)				自流引水灌溉的灌溉水有效利用系数($\eta_{自}$)			
	大型灌区($\eta_{大提}$)	中型灌区($\eta_{中提}$)	小型灌区($\eta_{小提}$)	省级区域($\eta_{省提}$)	大型灌区($\eta_{大自}$)	中型灌区($\eta_{中自}$)	小型灌区($\eta_{小自}$)	省级区域($\eta_{省自}$)
2014	0.481 3	0.496 7	0.495 8	0.489 2	0.492 2	0.476 0	0.492 6	0.488 1
2015	0.498 5	0.495 6	0.499 6	0.497 0	0.501 8	0.486 0	0.504 3	0.498 4
2016	0.512 0	0.509 0	0.509 4	0.510 8	0.507 7	0.494 9	0.513 6	0.505 1
2017	0.523 1	0.518 9	0.521 1	0.521 3	0.515 8	0.506 6	0.522 3	0.513 9
2018	0.526 2	0.529 1	0.529 1	0.527 4	0.523 2	0.517 0	0.531 3	0.522 0
2019	0.542 1	0.540 2	0.539 4	0.541 3	0.531 8	0.528 4	0.540 7	0.531 3
2020	0.546 7	0.548 7	0.548 6	0.547 5	0.537 7	0.536 7	0.545 8	0.537 7
2021	0.557 4	0.554 5	0.550 8	0.556 2	0.544 8	0.542 0	0.545 2	0.544 4
2022	0.562 5	0.560 7	0.558 0	0.561 8	0.549 5	0.547 9	0.550 0	0.549 2
平均值	0.527 8	0.528 2	0.527 98	0.528 1	0.522 7	0.515 1	0.527 3	0.521 1

多元线性回归方程
$$y = -0.062 + 1.117x_3\ (P<0.01, R^2 = 0.991);$$
$$y = -0.038 + 1.07x_4\ (P<0.01, R^2 = 0.999);$$
$$y = -0.046 + 1.086x_4\ (P<0.01, R^2 = 0.999)$$

注:y 为因变量(提水灌溉的灌溉水有效利用系数、自流引水灌溉的灌溉水有效利用系数和省级区域灌区灌溉水有效利用系数);$x_1、x_2 \cdots x_n$ 为自变量(其中,$x_1、x_2、x_3$ 分别为大型灌区、中型灌区、小型灌区提水灌溉的灌溉水有效利用系数;$x_4、x_5、x_6$ 分别为大型灌区、中型灌区、小型灌区

自流引水灌溉的灌溉水有效利用系数)。

3.1.2 水资源条件对灌区灌溉水有效利用系数的影响

　　湖南省总面积为 21.18 万 km²,分属长江流域和珠江流域,湘江、资江、沅江、澧江四水及汨罗江、新墙河等分别从南、西、东三面汇入洞庭湖,并由城陵矶注入长江。湖南省灌溉片区分为长江区和珠江区两大片区,其中长江片区数量共计 10 个,珠江片区数量共计 3 个。不同区域水资源条件对灌溉水有效利用系数有较大的影响,表现为水资源丰沛地区灌溉水有效利用系数一般低于水资源缺乏地区的,水资源丰沛地区多采用自流引水灌溉方式,管理水平和用水意识较弱,损失大量灌溉水,可能是导致灌溉水有效利用系数低的重要原因。受不同年份气候条件(降水、气温等)的影响,其水资源条件可能出现水资源过量或缺乏等情况,也会影响到人们对用水的关注程度和管理水平,进而影响灌溉水有效利用系数。

3.1.2.1　湖南省水资源条件分析

　　湖南省年降水时空分布不均,年内降水大致分布在东、南部,主要在春季和夏季。由表 3-3 可知,湖南省年平均降水量为 1 518.34 mm,年平均地表水资源量为 1 855.41 亿 m³,年平均地下水资源量为 432.53 亿 m³,年平均水资源总量为 1 873.59 亿 m³。2015 年、2016 年、2017 年、2019 年、2020 年湖南省的水资源总量都大于平均值,属于丰水季节,而 2018 年年降水量、年地表水资源量、年地下水资源量和年水资源总量均出现最小值,属于枯水季节。

　　年降水量是影响湖南省年地表水资源量、年水资源总量的关键。由表 3-4 可知,湖南省年地表水资源量与年降水量呈极显著正相关($P<0.01$),年水资源总量与年降水量呈显著正相关($P<0.05$)。

表 3-3　湖南省水资源条件统计

年份	年降水量/mm	气温/℃	年地表水资源量/(亿 m³)	年地下水资源量/(亿 m³)	年水资源总量/(亿 m³)	年毛灌溉用水总量/(亿 m³)
2014	1 503.20	17.96	1 791.49	426.14	1 799.39	635 128.75
2015	1 609.70	17.92	1 912.20	425.55	1 919.26	494 376.36
2016	1 668.90	18.06	2 189.62	475.44	2 196.72	500 903.30
2017	1 499.10	18.11	1 805.77	436.85	1 912.47	497 749.94
2018	1 363.70	17.97	1 336.49	333.47	1 342.89	492 582.37

续表 3-3

年份	年降水量/mm	气温/℃	年地表水资源量/(亿 m³)	年地下水资源量/(亿 m³)	年水资源总量/(亿 m³)	年毛灌溉用水量/(亿 m³)
2019	1 498.50	17.91	2 091.26	475.61	2 098.46	492 912.62
2020	1 726.70	18.00	2 111.10	466.10	2 118.70	481 689.16
2021	1 490.00	18.70	1 783.64	437.38	1 790.69	499 044.29
2022	1 305.30	18.60	1 677.08	416.24	1 683.75	533 464.87
平均	1 518.34	18.14	1 855.41	432.53	1 873.59	514 205.74

表 3-4　水资源条件指标相关性分析

指标	年地表水资源量/(亿 m³)	年地下水资源量/(亿 m³)	年水资源总量/(亿 m³)	年毛灌溉用水量/(亿 m³)
年降水量/mm	0.801**	0.655	0.795*	−0.234
气温/℃	−0.240	−0.033	−0.245	−0.021

注：* 表示不同指标显著相关（$P<0.05$）；** 表示不同指标极显著相关（$P<0.01$），下同。

3.1.2.2　湖南省降水量时空分布特征

以 2022 年湖南省降水时空分布特点为例，对湖南省降水量时空分布特征进行分析，结果表明，湖南省年内降水量呈地域分布差别大、年内分配不均等特点。全省降水量地域分布呈二高三低趋势，高值区主要分布在湘南—南岭山脉、湘东罗霄山脉两处，其中湘南—南岭山脉高值区年降水量为 2 000～2 800 mm，湘东罗霄山脉高值区年降水量为 1 600～2 200 mm。低值区主要分布在洞庭湖、衡邵干旱走廊和沅江上游三处，其中洞庭湖低值区年降水量为 800～1 000 mm，衡邵干旱走廊低值区年降水量为 800～1 000 mm，沅江上游低值区年降水量为 800～1 000 mm；全省汛期降水量占全年降水量的 63.9%，连续最大 4 个月降水量大多集中在 4—7 月，占全年降水量的 61.2%，见图 3-1。

3.1.2.3　水资源条件与灌区灌溉水有效利用系数的相互关系

气温是影响湖南省大型灌区灌溉水有效利用系数及省级区域灌区灌溉水有效利用系数测算结果的关键。由表 3-5 可知，湖南省大型灌区灌溉水有效利用系数 $\eta_{大}$、$\eta_{大自}$ 均与湖南省气温呈显著正相关（$P<0.05$），湖南省省级区域提水灌溉灌溉水有效利用系数 $\eta_{省提}$ 与湖南省气温呈显著正相关（$P<0.05$）。

图 3-1　2022 年湖南省年降水量等值线图　（单位:mm）

表 3-5　水资源条件与灌区灌溉水有效利用系数的相关关系

指标	年降水量/ mm	气温/ ℃	年地表水资 源量/ （亿 m³）	年地下水资 源量/ （亿 m³）	年水资源 总量/ （亿 m³）	年毛灌溉用 水量/ （亿 m³）
大型灌区 $\eta_{大}$	-0.328	0.674*	-0.106	0.031	-0.123	-0.462
中型灌区 $\eta_{中}$	-0.320	0.639	-0.106	0.029	-0.123	-0.450
小型灌区 $\eta_{小}$	-0.274	0.554	-0.073	0.040	-0.085	-0.544
省级区域 $\eta_{省}$	-0.323	0.661	-0.104	0.031	-0.120	-0.465
大型灌区 $\eta_{大提}$	-0.292	0.662	-0.053	0.084	-0.062	-0.524
中型灌区 $\eta_{中提}$	-0.339	0.658	-0.114	0.033	-0.133	-0.372
小型灌区 $\eta_{小提}$	-0.320	0.631	-0.105	0.034	-0.119	-0.421
省级区域 $\eta_{省提}$	-0.317	0.667*	-0.080	0.064	-0.093	-0.452
大型灌区 $\eta_{大自}$	-0.329	0.672*	-0.109	0.027	-0.127	-0.460
中型灌区 $\eta_{中自}$	-0.315	0.634	-0.104	0.029	-0.120	-0.465
小型灌区 $\eta_{小自}$	-0.269	0.548	-0.069	0.041	-0.081	-0.553
省级区域 $\eta_{省自}$	-0.321	0.658	-0.104	0.029	-0.121	-0.470

注：* 表示不同指标显著相关（$P<0.05$）；* * 表示不同指标极显著相关（$P<0.01$）。

3.1.3　灌区类型与规模对灌区灌溉水有效利用系数的影响

灌区类型与规模能综合反映当地水利化程度、畦田平整度、畦长、水分管理水平等情况，进而体现灌区灌溉水有效利用系数的高低。灌区灌溉水有效利用系数一般表现为井灌区>提水灌溉灌区>自流引水灌溉灌区，井灌区、提水灌溉灌区水利化程度和提水成本均高于自流引水灌溉灌区，井灌区多采用低压管道或防渗渠道输水，畦田较平整，规格也较小，提水灌区主要采用水泵扬水灌溉，运行水价相对较高；提水灌溉灌区有效灌溉面积高于井灌区，输配水工程标准和畦田平整度及规格方面则低于井灌区，致使提水灌溉灌区灌溉水有效利用系数低于井灌区；自流引水灌溉灌区面积大，田间工程、畦田平整度较差，水源条件相对较好，灌溉管理较为粗放，导致灌区灌溉水有效利用系数最低，灌区有效灌溉面积可能是影响湖南省大中小型灌区灌溉水有效利用系数的关键[27]。

3.1.3.1　湖南省有效灌溉面积分析

1. 大型灌区有效灌溉面积分析

由表3-6可知,湖南省大型灌区提水灌溉有效灌溉面积分别在2014年和2016年出现最小值(54.94万亩),2019年出现最大值(59.52万亩);自流引水灌溉有效灌溉面积分别在2015年出现最小值(689.44万亩),2022年出现最大值(752.74万亩);湖南省大型灌区有效灌溉面积随时间增加基本呈逐渐增加趋势,分别在2015年出现最小值(745.33万亩),2022年出现最大值(809.47万亩)。

表3-6　2014—2022年大型灌区有效灌溉面积统计　　　　单位:万亩

年份	提水灌溉有效灌溉面积($F_{大提}$)	自流引水灌溉有效灌溉面积($F_{大自}$)	小计($F_{大}$)
2014	54.94	715.08	770.02
2015	55.89	689.44	745.33
2016	54.94	692.70	747.64
2017	55.94	700.27	756.21
2018	55.94	710.66	766.6
2019	59.52	708.97	768.49
2020	55.94	712.59	768.53
2021	55.94	743.64	799.58
2022	56.73	752.74	809.47

2. 中型灌区有效灌溉面积分析

湖南省中型灌区有效灌溉面积基本随时间增加呈逐渐增加趋势,后期多通过提高灌区提水灌溉有效灌溉面积以提高中型灌区灌溉水有效利用系数。由表3-7可知,湖南省中型灌区提水灌溉有效灌溉面积分别在2014年出现最小值(37.16万亩),2022年出现最大值(37.95万亩);自流引水灌溉有效灌溉面积分别在2014年出现最小值(249.83万亩),2021年出现最大值(281.62万亩);中型灌区有效灌溉面积分别在2014年出现最小值(286.99万亩),2021年出现最大值(319.09万亩)。

表 3-7　2014—2022 年中型灌区有效灌溉面积统计　　单位:万亩

年份	提水灌溉有效灌溉面积($F_{中提}$)	自流引水灌溉有效灌溉面积($F_{中自}$)	小计($F_{中}$)
2014	37.16	249.83	286.99
2015	37.16	253.94	291.10
2016	37.16	253.84	291.00
2017	37.16	261.20	298.36
2018	37.16	252.78	289.94
2019	37.21	263.53	300.74
2020	37.46	273.97	311.43
2021	37.47	281.62	319.09
2022	37.95	280.06	318.01

3. 小型灌区有效灌溉面积分析

湖南省小型灌区有效灌溉面积基本趋于稳定。由表 3-8 可知,湖南省小型灌区提水灌溉有效灌溉面积分别在 2016 年和 2022 年出现最小值(1.32 万亩),2018 年出现最大值(1.81 万亩);自流引水灌溉有效灌溉面积分别在 2022 年出现最小值(28.70 万亩),2020 年出现最大值(30.63 万亩);小型灌区有效灌溉面积分别在 2022 年出现最小值(30.02 万亩),2020 年出现最大值(31.98 万亩)。

表 3-8　2014—2022 年小型灌区有效灌溉面积统计　　单位:万亩

年份	提水灌溉有效灌溉面积($F_{小提}$)	自流引水灌溉有效灌溉面积($F_{小自}$)	小计($F_{小}$)
2014	1.68	29.06	30.74
2015	1.34	28.90	30.24
2016	1.32	28.77	30.09
2017	1.34	29.19	30.53
2018	1.81	29.25	31.06
2019	1.40	29.39	30.79
2020	1.35	30.63	31.98
2021	1.35	29.24	30.59
2022	1.32	28.70	30.02

4. 湖南全省灌区有效灌溉面积分析

自 2015 年来,湖南省自流引水灌溉、全省灌区有效灌溉面积基本随时间增加呈逐渐增加趋势。由表 3-9 可知,提水灌溉有效灌溉面积分别在 2016 年出现最小值(93.42 万亩),2019 年出现最大值(98.13 万亩);自流引水灌溉有效灌溉面积分别在 2015 年出现最小值(972.28 万亩),2022 年出现最大值(1 061.50 万亩);全省有效灌溉面积分别在 2015 年出现最小值(1 066.67 万亩),2022 年出现最大值(1 157.50 万亩)。

表 3-9　2014—2022 年全省灌区有效灌溉面积统计　　　单位:万亩

年份	提水灌溉有效灌溉 面积($F_提$)	自流引水灌溉有效 灌溉面积($F_自$)	小计 (F)
2014	93.78	993.97	1 087.75
2015	94.39	972.28	1 066.67
2016	93.42	975.31	1 068.73
2017	94.44	990.66	1 085.10
2018	94.91	992.69	1 087.60
2019	98.13	1 001.89	1 100.02
2020	94.75	1 017.19	1 111.94
2021	94.76	1 054.50	1 149.26
2022	96.00	1 061.50	1 157.50

结果表明,无论大型、中型、小型灌区,湖南省均表现为自流引水灌溉有效灌溉面积大于提水灌溉有效灌溉面积,自流引水灌溉有效灌溉面积可能是影响灌区灌溉水有效利用系数的关键。

5. 灌区有效灌溉面积与灌溉水有效利用系数的相互关系

由表 3-10 和表 3-11 可知,湖南省大型灌区灌溉水有效利用系数 $\eta_大$ 与 $F_大$、$F_{大自}$ 呈显著正相关($P < 0.05$),提水灌溉灌溉水有效利用系数 $\eta_{大提}$ 与 $F_大$ 呈显著正相关($P < 0.05$);自流引水灌溉灌溉水有效利用系数 $\eta_{大自}$ 与 $F_大$、$F_{大自}$ 呈显著正相关($P < 0.05$)。中型灌区灌溉水有效利用系数 $\eta_中$ 与 $F_{中提}$ 呈显著正相关($P < 0.05$),与 $F_{中自}$、$F_中$ 呈极显著正相关($P < 0.01$);提水灌溉灌溉水有效利用系数 $\eta_{中提}$ 与 $F_{中提}$ 呈显著正相关($P < 0.05$),与 $F_中$ 呈极显著正相关($P < 0.01$);自流引水灌溉灌溉水有效利用系数 $\eta_{中自}$ 与 $F_{中自}$、$F_中$ 呈极显著正相关($P < 0.01$)。小型灌区自流引水灌溉灌溉水有效利用系数 $\eta_{小自}$

与 $F_自$ 呈显著正相关（$P < 0.05$）。

随着湖南省大中型灌区配套设施的逐步完善，渠系相对完整，防渗措施到位，管理水平提高，灌溉水有效利用系数也相对提高；小型灌区灌溉水有效利用系数偏低，原因是配套设施差，渠道防渗措施不到位，2020 年开始湖南省加强了对小型灌区的改造，小型灌区有效灌溉面积逐渐增加，灌区渠道短，渗漏相对少，灌溉水有效利用系数大幅提高[28]。由表 3-10、表 3-11 可知，湖南省省级区域灌区提水灌溉灌溉水有效利用系数 $\eta_{省提}$ 与 $F_大$、$F_{中提}$ 呈显著正相关（$P < 0.05$），与 $F_中$、F 呈极显著正相关（$P < 0.01$）；省级区域灌区自流引水灌溉灌溉水有效利用系数 $\eta_{省自}$ 与 $F_大$、$F_{大自}$ 呈显著正相关（$P < 0.05$），与 $F_{中自}$、$F_中$、$F_自$、F 呈极显著正相关（$P < 0.01$）。省级区域灌区灌溉水有效利用系数 $\eta_省$ 与 $F_大$、$F_{大自}$、$F_{中提}$ 呈显著正相关（$P < 0.05$），与 $F_{中自}$、$F_中$、$F_自$、F 呈极显著正相关（$P < 0.01$）。

表 3-10 灌区有效灌溉面积与灌溉水有效利用系数的相关关系 单位：万亩

指标	大型灌区有效灌溉面积			中型灌区有效灌溉面积		
	提水灌溉（$F_{大提}$）	自流引水灌溉（$F_{大自}$）	有效灌溉（$F_大$）	提水灌溉（$F_{中提}$）	自流引水灌溉（$F_{中自}$）	有效灌溉（$F_中$）
大型灌区 $\eta_大$	0.419	0.740*	0.761*	0.768*	0.911**	0.911**
中型灌区 $\eta_中$	0.428	0.732*	0.754*	0.752*	0.898**	0.898**
小型灌区 $\eta_小$	0.481	0.638	0.663	0.682*	0.850**	0.849**
省级区域 $\eta_省$	0.424	0.733*	0.754*	0.761*	0.906**	0.906**
大型灌区 $\eta_{大提}$	0.452	0.685*	0.708*	0.733*	0.900**	0.899**
中型灌区 $\eta_{中提}$	0.403	0.774*	0.793*	0.768*	0.901**	0.901**
小型灌区 $\eta_{小提}$	0.416	0.739*	0.760*	0.759*	0.898**	0.898**
省级区域 $\eta_{省提}$	0.432	0.733*	0.754*	0.754*	0.906**	0.906**
大型灌区 $\eta_{大自}$	0.417	0.741*	0.762*	0.770*	0.910**	0.911**
中型灌区 $\eta_{中自}$	0.431	0.723*	0.744*	0.747*	0.896**	0.896**
小型灌区 $\eta_{小自}$	0.486	0.628	0.654	0.676*	0.845**	0.845**
省级区域 $\eta_{省自}$	0.425	0.730*	0.751*	0.761*	0.904**	0.905**

注：* 表示不同指标显著相关（$P<0.05$）；** 表示不同指标极显著相关（$P<0.01$）。

表3-11　灌区有效灌溉面积与灌溉水有效利用系数的相关关系　　　单位:万亩

指标	大型灌区有效灌溉面积			全省灌区有效灌溉面积		
	提水灌溉 $(F_{大提})$	自流引水灌溉 $(F_{大自})$	有效灌溉 $(F_大)$	提水灌溉 $(F_{中提})$	自流引水灌溉 $(F_{中自})$	有效灌溉 $(F_中)$
大型灌区 $\eta_大$	−0.329	0.301	0.190	0.530	0.848**	0.859**
中型灌区 $\eta_中$	−0.293	0.348	0.245	0.540	0.839**	0.851**
小型灌区 $\eta_小$	−0.296	0.387	0.281	0.578	0.758*	0.772*
省级区域灌区 $\eta_省$	−0.321	0.317	0.207	0.535	0.842**	0.853**
大型灌区 $\eta_{大提}$	−0.390	0.285	0.156	0.547	0.807**	0.819**
中型灌区 $\eta_{中提}$	−0.258	0.346	0.254	0.524	0.868**	0.878**
小型灌区 $\eta_{小提}$	−0.282	0.368	0.267	0.532	0.844**	0.855**
省级区域灌区 $\eta_{省提}$	−0.333	0.311	0.198	0.540	0.842**	0.853**
大型灌区 $\eta_{大自}$	−0.325	0.304	0.194	0.529	0.849**	0.860**
中型灌区 $\eta_{中自}$	−0.299	0.349	0.244	0.542	0.832**	0.844**
小型灌区 $\eta_{小自}$	−0.298	0.388	0.282	0.581	0.750*	0.765*
省级区域灌区 $\eta_{省自}$	−0.321	0.318	0.208	0.535	0.839**	0.851**

注:*表示不同指标显著相关($P<0.05$);**表示不同指标极显著相关($P<0.01$)。

3.1.4　节水灌溉技术对灌区灌溉水有效利用系数的影响

传统农业灌溉以"大水漫灌"为主,土渠渗漏和蒸发程度较高,水资源浪费严重,灌溉水有效利用系数仅为0.30左右,低压管道输水、喷灌和微灌等节水灌溉技术可减少田间渗漏、渠道渗透等,提高灌溉水利用效率,提高节水灌溉面积比例,有利于提高大中小型灌区提水灌溉比例、灌溉管理水平与灌溉水有效利用系数。但由于节水投入不足,目前多数地区节水灌溉工程面积仅占总灌溉面积的30%左右,在一定程度上限制了区域灌溉水有效利用效率[29]。近年来,我国相继颁布的《水污染防治行动计划》《全国农业可持续发展规划(2015—2030)》《乡村振兴战略规划(2018—2022年)》《国家节水行动方案》及《国务院办公厅关于切实加强高标准农田建设提升国家粮食安全保障能力的意见》等节水灌溉行业相关产业政策,有利于从水利、农业、农业综合开发等行业领域加大对节水灌溉工程的投入。

3.1.4.1　灌区节水灌溉面积分析

1.大型灌区节水灌溉面积分析

湖南省重点于 2014—2018 年对大型灌区进行节水灌溉技术的推广与应用。由表 3-12 可知,湖南省大型灌区提水灌溉节水灌溉面积 $J_{大提}$ 分别在 2015 年和 2016 年出现最小值(21.50 万亩),2018 年出现最大值(25.57 万亩);自流引水灌溉节水灌溉面积 $J_{大自}$ 分别在 2014 年出现最小值(274.61 万亩),2018 年出现最大值(376.59 万亩);全省节水灌溉面积 $J_大$ 分别在 2014 年出现最小值(298.66 万亩),2018 年出现最大值(402.16 万亩)。

表 3-12　2014—2022 年大型灌区节水灌溉面积统计　　　　单位:万亩

年份	提水灌溉节水灌溉面积($J_{大提}$)	自流引水灌溉节水灌溉面积($J_{大自}$)	小计($J_大$)
2014	24.05	274.61	298.66
2015	21.50	304.29	325.79
2016	21.50	319.91	341.41
2017	24.75	363.31	388.06
2018	25.57	376.59	402.16
2019	25.50	346.09	371.59
2020	24.50	288.05	312.55
2021	24.50	329.14	353.64
2022	24.50	363.32	387.82

2.中型灌区节水灌溉面积分析

湖南省中型灌区以自流引水灌溉为主,进行节水灌溉技术的推广与应用。由表 3-13 可知,湖南省中型灌区提水灌溉节水灌溉面积 $J_{中提}$ 分别在 2014 年出现最小值(2.15 万亩),2018 年出现最大值(2.78 万亩);自流引水灌溉节水灌溉面积 $J_{中自}$ 分别在 2014 年出现最小值(43.18 万亩),2022 年出现最大值(86.32 万亩);湖南省中型灌区节水灌溉面积 $J_中$ 分别在 2014 年出现最小值(45.33 万亩),2022 年出现最大值(88.79 万亩)。

表 3-13 2014—2022 年中型灌区节水灌溉面积统计 单位:万亩

年份	提水灌溉节水灌溉面积($J_{中提}$)	自流引水灌溉节水灌溉面积($J_{中自}$)	小计($J_{中}$)
2014	2.15	43.18	45.33
2015	2.19	46.91	49.10
2016	2.37	43.44	45.81
2017	2.49	44.12	46.61
2018	2.78	62.60	65.38
2019	2.48	47.43	49.91
2020	2.53	51.66	54.19
2021	2.30	58.26	60.56
2022	2.47	86.32	88.79

3. 小型灌区节水灌溉面积分析

湖南省小型灌区以自流引水灌溉为主,进行节水灌溉技术的推广与应用。由表 3-14 可知,湖南省小型灌区提水灌溉节水灌溉面积 $J_{小提}$ 分别在 2021 年出现最小值(0.120 万亩),2018 年出现最大值(0.290 万亩);自流引水灌溉节水灌溉面积 $J_{小自}$ 分别在 2016 年出现最小值(1.650 万亩),2022 年出现最大值(6.080 万亩);湖南省小型灌区节水灌溉面积 $J_{小}$ 分别在 2016 年出现最小值(1.800 万亩),2022 年出现最大值(6.220 万亩)。

表 3-14 2014—2022 年小型灌区节水灌溉面积统计 单位:万亩

年份	提水灌溉节水灌溉面积($J_{小提}$)	自流引水灌溉节水灌溉面积($J_{小自}$)	小计($J_{小中}$)
2014	0.150	1.930	2.080
2015	0.150	1.930	2.080
2016	0.150	1.650	1.800
2017	0.185	3.475	3.660
2018	0.290	4.770	5.060
2019	0.160	4.860	5.020
2020	0.270	4.750	5.020
2021	0.120	4.710	4.830
2022	0.140	6.080	6.220

4. 全省灌区节水灌溉面积分析

湖南省对自流引水灌溉灌区大多进行节水灌溉技术的推广与应用。由表 3-15 可知,全省灌区提水灌溉节水灌溉面积 $J_{提}$ 分别在 2015 年出现最小值(23.84 万亩),2018 年出现最大值(28.64 万亩);自流引水灌溉节水灌溉面积 $J_{自}$ 分别在 2014 年出现最小值(319.72 万亩),2022 年出现最大值(455.72 万亩);全省灌区节水灌溉面积 J 分别在 2014 年出现最小值(346.07 万亩),2022 年出现最大值(482.83 万亩)。

表 3-15　全省灌区节水灌溉面积统计　　　　单位:万亩

年份	提水灌溉节水灌溉面积($J_{提}$)	自流引水灌溉节水灌溉面积($J_{自}$)	小计(J)
2014	26.35	319.72	346.07
2015	23.84	353.13	376.97
2016	24.02	365.00	389.02
2017	27.43	410.91	438.34
2018	28.64	443.96	472.60
2019	28.14	398.38	426.52
2020	27.30	344.46	371.76
2021	26.92	392.11	419.03
2022	27.11	455.72	482.83

5. 灌区节水灌溉面积与灌溉水有效利用系数的相互关系

湖南省中型、小型灌区自流引水灌溉节水灌溉面积的不断增加,可减少灌区渗漏相对少,提高灌区灌溉水有效利用系数。由表 3-16 和表 3-17 可知,湖南省中型灌区灌溉水有效利用系数 $\eta_{中}$、自流引水灌溉灌溉水有效利用系数 $\eta_{中自}$ 均与 $J_{中自}$、$J_{中}$ 呈显著正相关($P < 0.05$);湖南省小型灌区灌溉水有效利用系数 $\eta_{小}$、自流引水灌溉灌溉水有效利用系数 $\eta_{小自}$ 与 $J_{小自}$、$J_{小}$ 呈极显著正相关($P < 0.01$);湖南省省级区域灌区灌溉水有效利用系数 $\eta_{省}$、自流引水灌溉灌溉水有效利用系数 $\eta_{省自}$ 均与 $J_{中自}$、$J_{中}$ 呈显著正相关($P < 0.05$),与 $J_{小自}$、$J_{小}$ 呈极显著正相关($P < 0.01$)。

表 3-16　灌区节水灌溉面积与灌溉水有效利用系数的相关关系　　　单位:万亩

指标	大型灌区节水灌溉面积			中型灌区节水灌溉面积		
	提水灌溉 ($J_{大提}$)	自流引水灌溉($J_{大自}$)	节水灌溉 ($J_大$)	提水灌溉 ($J_{中提}$)	自流引水灌溉($J_{中自}$)	节水灌溉 ($J_中$)
大型灌区 $\eta_大$	0.534	0.454	0.467	0.470	0.707*	0.716*
中型灌区 $\eta_中$	0.575	0.442	0.457	0.498	0.691*	0.700*
小型灌区 $\eta_小$	0.577	0.486	0.500	0.578	0.639	0.651
省级区域 $\eta_省$	0.545	0.454	0.467	0.483	0.701*	0.710*
大型灌区 $\eta_{大提}$	0.505	0.491	0.502	0.485	0.663	0.673*
中型灌区 $\eta_{中提}$	0.602	0.413	0.429	0.478	0.696*	0.704*
小型灌区 $\eta_{小提}$	0.595	0.430	0.446	0.504	0.689*	0.698*
省级区域 $\eta_{省提}$	0.553	0.457	0.471	0.481	0.682*	0.691*
大型灌区 $\eta_{大自}$	0.536	0.451	0.464	0.471	0.710*	0.718*
中型灌区 $\eta_{中自}$	0.570	0.448	0.463	0.504	0.688*	0.698*
小型灌区 $\eta_{小自}$	0.574	0.489	0.503	0.583	0.635	0.647
省级区域 $\eta_{省自}$	0.542	0.454	0.467	0.485	0.702*	0.711*

注:*表示不同指标显著相关($P<0.05$)。

表 3-17　灌区节水灌溉面积与灌溉水有效利用系数的相关关系　　　单位:万亩

指标	大型灌区节水灌溉面积			中型灌区节水灌溉面积		
	提水灌溉 ($J_{小提}$)	自流引水灌溉($J_{小自}$)	节水灌溉 ($J_小$)	提水灌溉 ($J_提$)	自流引水灌溉($J_自$)	节水灌溉 (J)
大型灌区 $\eta_大$	0.079	0.923**	0.916**	0.543	0.605	0.613
中型灌区 $\eta_中$	0.123	0.935**	0.930**	0.584	0.591	0.601
小型灌区 $\eta_小$	0.198	0.928**	0.925**	0.598	0.609	0.619
省级区域 $\eta_省$	0.095	0.926**	0.920**	0.555	0.603	0.611
大型灌区 $\eta_{大提}$	0.061	0.898**	0.891**	0.517	0.619	0.626
中型灌区 $\eta_{中提}$	0.108	0.934**	0.928**	0.606	0.569	0.580
小型灌区 $\eta_{小提}$	0.139	0.939**	0.935**	0.604	0.581	0.592
省级区域 $\eta_{省提}$	0.078	0.919**	0.912**	0.561	0.599	0.608
大型灌区 $\eta_{大自}$	0.083	0.924**	0.918**	0.544	0.603	0.611
中型灌区 $\eta_{中自}$	0.128	0.934**	0.929**	0.581	0.595	0.604
小型灌区 $\eta_{小自}$	0.203	0.925**	0.923**	0.596	0.611	0.621
省级区域 $\eta_{省自}$	0.099	0.926**	0.920**	0.553	0.603	0.612

注:**表示不同指标极显著相关($P<0.01$)。

3.1.4.2　节水改造工程投资分析

节水改造工程投资主要用于渠道衬砌、节水改造及农田基本建设等方面，因此，随着节水工程累计投资总额的增加，渠道衬砌率提高，渗漏损失减少，田块平整度提高、田块面积缩小等，田间渗漏损失减少，灌溉水有效利用系数则随之上升，但由于节水效果并非实时体现，通常在投资后的 1~2 年内才能完全显现。因此，农田灌溉水有效利用系数与节水工程累计投资总额的增加也并非线性关系[30]。

1. 大型灌区节水改造工程总投资分析

湖南省多以自流引水灌溉为主，2017 年前湖南省大型灌区节水改造工程总投资逐年增加。由表 3-18 可知，湖南省大型灌区提水灌溉节水改造工程总投资 $C_{大提}$ 分别在 2022 年出现最小值（204 万元），2014 年出现最大值（7 200 万元），2015 年、2016 年、2021 年未进行节水改造工程投资；自流引水灌溉节水改造工程总投资 $C_{大自}$ 分别在 2020 年出现最小值（6 469.15 万元），2017 年出现最大值（120 002 万元）；全省大型灌区节水改造工程总投资 $C_{大}$ 分别在 2020 年出现最小值（6 706.15 万元），2017 年出现最大值（125 254 万元）。

表 3-18　大型灌区工程投资统计　　　　单位：万元

年份	提水灌溉工程投资（$C_{大提}$）	自流引水灌溉工程投资（$C_{大自}$）	小计（$C_{大}$）
2014	7 200	26 483	33 683
2015	—	42 914	42 914
2016	—	60 442	60 442
2017	5 252	120 002	125 254
2018	1 004	22 596	23 600
2019	404	12 766	13 170
2020	238	6 469.15	6 707.15
2021	—	59 695	59 695
2022	204	88 075	88 279

2. 中型灌区节水改造工程总投资分析

2017 年后，湖南省中型灌区节水改造工程总投资逐年增加。由表 3-19 可知,湖南省中型灌区提水灌溉节水改造工程总投资 $C_{中提}$ 分别在 2016 年出现最小值(114 万元),2018 年出现最大值(1 350 万元);自流引水灌溉节水改造工程总投资 $C_{中自}$ 分别在 2017 年出现最小值(4 374 万元),2022 年出现最大值(35 994.57 万元);全省中型灌区节水改造工程总投资 $C_{中}$ 分别在 2017 年出现最小值(4 698 万元),2022 年出现最大值(37 144.57 万元)。

表 3-19　中型灌区工程投资统计　　　　　　单位:万元

年份	提水灌溉工程 投资($C_{中提}$)	自流引水灌溉工程 投资($C_{中自}$)	小计($C_{中}$)
2014	610	7 247.4	7 857.4
2015	630	5 657.98	6 287.98
2016	114	6 008.6	6 122.6
2017	324	4 374	4 698
2018	1 350	9 580.4	10 930.4
2019	1 160	18 413.5	18 573.5
2020	630	13 243.56	13 873.56
2021	1 039	21 629.39	22 668.39
2022	1 150	35 994.57	37 144.57

3. 小型灌区节水改造工程总投资分析

2017 年前,湖南省小型灌区节水改造工程总投资逐年增加。由表 3-20 可知,湖南省小型灌区提水灌溉节水改造工程总投资 $C_{小提}$ 分别在 2014 年出现最小值(3.50 万元),2020 年出现最大值(500 万元),2015 年、2016 年未进行投资;自流引水灌溉节水改造工程总投资 $C_{小自}$ 分别在 2021 年出现最小值(747 万元),2019 年出现最大值(2 163 万元);全省中型灌区节水改造工程总投资 $C_{小}$ 分别在 2021 年出现最小值(793 万元),2017 年出现最大值(2 342 万元)。

表 3-20　小型灌区工程投资统计　　　　　　单位:万元

年份	提水灌溉工程 投资($C_{小提}$)	自流引水灌溉工程 投资($C_{小自}$)	小计($C_{小}$)
2014	3.50	1 652.57	1 656.07
2015	—	1 876.48	1 876.48
2016	—	2 004.06	2 004.06

续表 3-20

年份	提水灌溉工程投资($C_{小提}$)	自流引水灌溉工程投资($C_{小自}$)	小计($C_{小}$)
2017	27	2 315	2 342
2018	492	1 538	2 030
2019	10	2 163	2 173
2020	500	1 600	2 100
2021	46	747.00	793
2022	50	1 766.00	1 816

4. 全省灌区节水改造工程总投资分析

2017 年前,湖南省自流引水、全省灌区节水改造工程总投资均逐年增加。由表 3-21 可知,全省灌区提水灌溉节水改造工程总投资 $C_{提}$ 分别在 2016 年出现最小值(114 万元),2014 年出现最大值(7 813.5 万元);自流引水灌溉节水改造工程总投资 $C_{自}$ 分别在 2014 年出现最小值(35 382.97 万元),2017 年出现最大值(126 691 万元);全省灌区节水改造工程总投资 C 分别在 2014 年出现最小值(43 196.47 万元),2017 年出现最大值(132 294 万元)。

表 3-21　2014—2022 年全省样点灌区工程总投资统计　　单位:万元

年份	提水灌溉工程总投资($C_{提}$)	自流引水灌溉工程总投资($C_{自}$)	小计(C)
2014	7 813.5	35 382.97	43 196.47
2015	630	50 448.46	51 078.46
2016	114	68 454.66	68 568.66
2017	5 603	126 691	132 294
2018	2 846	33 714.4	36 560.4
2019	1 574	33 342.5	33 916.5
2020	1 368	21 312.71	22 680.71
2021	1 085	82 071.39	83 156.39
2022	1 404	125 835.57	127 239.57

5. 灌区节水改造工程投资与灌溉水有效利用系数的相互关系

中小型灌区节水改造工程投资是影响湖南省灌区灌溉水有效利用系数测

算结果的关键,灌区灌溉水有效利用系数多随节水改造工程投资总额的增加而上升,2017 年前对大中型灌区投资节水配套改造工程,2017 年后对中小型灌区投入新型高效节水工程,如喷灌、微灌、滴灌等,同时改造土渠、石渠等老旧的自流引水输水管道,可大大减少灌区灌溉水的渗漏损失,可能会成为提高湖南省灌区灌溉水有效利用系数的关键。由表 3-22、表 3-23 可知,湖南省中型灌溉水有效利用系数 $\eta_{中}$ 与 $C_{中自}$、$C_{中}$ 呈极显著正相关($P < 0.01$),提水灌溉灌溉水有效利用系数 $\eta_{中提}$ 与 $C_{中}$ 呈极显著正相关($P < 0.01$),自流引水灌溉灌溉水有效利用系数 $\eta_{中自}$ 与 $C_{中自}$、$C_{中}$ 呈极显著正相关($P < 0.01$)。小型灌区灌溉水有效利用系数 $\eta_{小}$ 与 $C_{小提}$ 呈极显著正相关($P < 0.01$),提水灌溉灌溉水有效利用系数 $\eta_{小提}$ 与 $C_{小提}$ 呈极显著正相关($P < 0.01$)。省级区域灌区灌溉水有效利用系数 $\eta_{省}$ 与 $C_{中自}$、$C_{中}$ 呈极显著正相关($P < 0.01$),与 $C_{小提}$ 呈显著正相关($P < 0.05$);省级区域灌溉水有效利用系数 $\eta_{省自}$ 与 $C_{中自}$、$C_{中}$ 呈极显著正相关($P < 0.01$),与 $C_{小提}$ 呈显著正相关($P < 0.05$)。

表 3-22 灌区节水改造工程投资与灌溉水有效利用系数的相关关系 1   单位:万元

指标	大型灌区节水改造工程投资			中型灌区节水改造工程投资		
	提水灌溉 ($C_{大提}$)	自流引水灌溉($C_{大自}$)	小计 ($C_{大}$)	提水灌溉 ($C_{中提}$)	自流引水灌溉($C_{中自}$)	小计 ($C_{中}$)
大型灌区 $\eta_{大}$	−0.567	0.083	0.041	0.577	0.824**	0.825**
中型灌区 $\eta_{中}$	−0.544	0.042	0.003	0.587	0.810**	0.811**
小型灌区 $\eta_{小}$	−0.582	0.019	−0.022	0.566	0.747*	0.747*
省级区域 $\eta_{省}$	−0.564	0.071	0.030	0.578	0.817**	0.818**
大型灌区 $\eta_{大提}$	−0.585	0.135	0.092	0.518	0.789*	0.788*
中型灌区 $\eta_{中提}$	−0.488	0.034	−0.001	0.586	0.827**	0.828**
小型灌区 $\eta_{小提}$	−0.508	0.043	0.006	0.575	0.809**	0.810**
省级区域 $\eta_{省提}$	−0.539	0.093	0.053	0.550	0.813**	0.813**
大型灌区 $\eta_{大自}$	−0.568	0.077	0.035	0.581	0.824**	0.826**
中型灌区 $\eta_{中自}$	−0.553	0.044	0.004	0.585	0.805**	0.806**
小型灌区 $\eta_{小自}$	−0.588	0.018	−0.024	0.563	0.742*	0.742*
省级区域 $\eta_{省自}$	−0.569	0.068	0.026	0.580	0.816**	0.817**

注:* 表示不同指标显著相关($P<0.05$);** 表示不同指标极显著相关($P<0.01$)。

表 3-23　灌区节水改造工程投资与灌溉水有效利用系数的相关关系 2　　单位:万元

指标	小型灌区节水改造工程投资			全省节水改造工程投资		
	提水灌溉 ($C_{小提}$)	自流引水灌溉($C_{小自}$)	小计 ($C_小$)	提水灌溉 ($C_提$)	自流引水灌溉($C_自$)	小计 (C)
大型灌区 $\eta_大$	0.777*	-0.381	-0.249	-0.478	0.286	0.252
中型灌区 $\eta_中$	0.798*	-0.374	-0.223	-0.448	0.244	0.212
小型灌区 $\eta_小$	0.804**	-0.297	-0.123	-0.488	0.207	0.173
省级区域 $\eta_省$	0.784*	-0.374	-0.235	-0.473	0.273	0.240
大型灌区 $\eta_{大提}$	0.760*	-0.319	-0.203	-0.509	0.327	0.290
中型灌区 $\eta_{中提}$	0.798**	-0.398	-0.251	-0.390	0.241	0.213
小型灌区 $\eta_{小提}$	0.804**	-0.361	-0.204	-0.412	0.245	0.215
省级区域 $\eta_{省提}$	0.782*	-0.356	-0.228	-0.454	0.293	0.260
大型灌区 $\eta_{大自}$	0.779*	-0.384	-0.250	-0.478	0.280	0.246
中型灌区 $\eta_{中自}$	0.796*	-0.368	-0.216	-0.458	0.245	0.213
小型灌区 $\eta_{小自}$	0.804**	-0.290	-0.116	-0.494	0.205	0.170
省级区域 $\eta_{省自}$	0.784*	-0.374	-0.234	-0.478	0.270	0.236

注:* 表示不同指标显著相关($P<0.05$);＊＊表示不同指标极显著相关($P<0.01$)。

3.1.5　灌区种植结构及种植面积对灌区灌溉水有效利用系数的影响

无论大型灌区、中型灌区或小型灌区,湖南省主要种植作物为水稻和油菜。由表 3-24 和表 3-25 可知,大型灌区、中型灌区和小型灌区作物种植面积排名前三的作物均为水稻、油菜和玉米,其种植面积占比由大到小均表现为大型灌区>中型灌区>小型灌区。有研究表明,湖南省近 10 年水稻和油菜种植面积均略有增加,受灌区种植结构、人们灌溉习惯和管理习惯的影响,直接或间接地影响到灌区灌溉水有效利用系数的测算。应从粮食安全、资源利用以及经济发展等多角度进行顶层设计,继续加强水利设施建设和节水技术推广,优化种植结构,提高当地水资源利用效率,从而提高灌区灌溉水有效利用系数。

表 3-24　湖南省样点灌区种植作物种类和种植面积　　单位:万亩

作物种类	全省小计	大型灌区	中型灌区	小型灌区
水稻	1 249.58	877.13	339.7	32.75
油菜	162.51	127.06	32.57	2.88
玉米	17.01	11.82	4.20	0.99
棉花	13.77	13.72	0	0.05
烟草	23.51	9.79	12.36	1.36
烤烟	10.86	4.82	5.54	0.50
其他	8.83	8.83	0	0
葡萄、蔬菜	5.98	5.98	0	0
红薯、马铃薯	4.40	4.03	0.35	0.02
甘薯	1.66	0.66	0.75	0.25
苗木	1.20	1.20	0	0
冬小麦	1	1	0	0
葡萄	1	0	1	0
花生	0.97	0.97	0	0
柑橘	0.55	0	0.55	0
百合	0.34	0	0.34	0
马铃薯	0.20	0	0.20	0
大豆	0.10	0	0.10	0
蔬菜	0.10	0	0.10	0
其他杂粮	0.09	0	0	0.09
黄豆(绿豆、棉花)	0.01	0	0	0.01
总计	1 492.81	1 062.19	392.22	38.40

表 3-25　湖南省样点灌区种植作物种类和种植面积分布　　　　%

作物种类	大型灌区种植面积占比	中型灌区种植面积占比	小型灌区种植面积占比
水稻	0.70	0.27	0.03
油菜	0.78	0.20	0.02
玉米	0.69	0.25	0.06
棉花	1.00	0	0
烟草	0.42	0.52	0.06
其他	1.00	0	0
葡萄、蔬菜	1.00	0	0
红薯、马铃薯	0.92	0.08	0
甘薯	0.40	0.45	0.15
苗木	1.00	0	0
冬小麦	1.00	0	0
葡萄	0	1.00	0
花生	1.00	0	0
柑橘	0	1.00	0
百合	0	1.00	0
马铃薯	0	1.00	0
大豆	0	1.00	0
蔬菜	0	1.00	0
其他杂粮	0	0	1.00
黄豆(绿豆、棉花)	0	0	1.00

3.1.6 土壤类型对灌区灌溉水有效利用系数的影响

灌区灌溉水有效利用系数多受灌区土壤类型的影响,不同质地土壤灌溉水有效利用系数表现为黏质土>壤土>砂质土。黏质土甚至可达砂质土的2~4倍,砂质土因其透水性强,农田渠道和田间渗漏损失严重,显著降低灌区灌溉水有效利用系数,黏性土壤含量多、土层覆盖比较厚、地下水埋深浅、地势较平坦的地区,则表现为渠道和田间渗漏损失量较小,灌溉水有效利用系数较高[31]。

无论大型灌区、中型灌区或小型灌区,湖南省灌区含量最高的3种土壤类型均为砂质土、黏质土、壤土,行政区域不同,其土壤类型所占百分比不同。由表3-26可知,大型灌区砂质土含量最高的3个地区依次为常德市、长沙市、株洲市,所占比例分别为57.02%、10.96%、8.77%;壤土含量最高的3个地区依次为邵阳市、湘西州、常德市,所占比例分别为18.43%、18.43%、11.06%;黏质土含量最高的3个地区依次为常德市、永州市、娄底市,所占比例分别为22.88%、16.02%、12.59%。中型灌区砂质土含量最高的3个地区依次为长沙市、常德市、衡阳市,所占比例分别为22.90%、18.41%、15.47%;壤土含量最高的3个地区依次为长沙市、湘西州、衡阳市,所占比例分别为13.26%、12.04%、9.28%;黏质土含量最高的3个地区依次为永州市、邵阳市、娄底市,所占比例分别为18.51%、15.43%、14.65%。小型灌区砂质土含量最高的3个地区依次为衡阳市、长沙市、怀化市,所占比例分别为21.07%、17.39%、14.75%;壤土含量最高的3个地区依次为郴州市、岳阳市、株洲市,所占比例分别为15.05%、11.28%、10.41%;黏质土含量最高的3个地区依次为邵阳市、益阳市、永州市,所占比例分别为19.48%、15.58%、13.44%。

有学者研究表明,湖南省灌区土壤类型多为壤土,有一部分是黏质土,作为典型双季稻区,水稻耕作土壤类型多样,因此需综合考虑土壤水、肥、气、热的影响,研究土壤类型造成灌区灌溉水有效利用系数的差异,再通过土壤质地间差异,比较其相互之间关系[32]。

表 3-26　湖南省灌区土壤类型占比统计

%

市(州)	小型灌区			中型灌区			大型灌区		
	砂质土	壤土	黏质土	砂质土	壤土	黏质土	砂质土	壤土	黏质土
长沙市	17.39	6.05	0.39	22.90	13.26	0.96	10.96	11.05	12.58
株洲市	0	10.41	9.35	0.48	8.00	5.14	8.77	2.76	11.44
湘潭市	9.06	7.88	3.51	6.05	7.79	3.01	6.58	6.45	3.43
衡阳市	21.07	9.18	8.41	15.47	9.28	8.18	5.26	6.18	4.81
邵阳市	0	9.29	19.48	0	4.43	15.43	0	18.43	0
岳阳市	2.85	11.28	5.96	7.52	5.34	3.82	4.82	3.50	11.67
常德市	9.48	3.53	4.67	18.41	7.64	12.42	57.02	11.06	22.88
张家界市	0	9.29	0	0	6.64	0	0	9.22	0
益阳市	6.32	2.60	15.58	10.37	4.10	11.38	0	0	0
郴州市	7.38	15.05	0.78	0	8.19	1.16	0	7.37	4.58
永州市	0	0.93	13.44	1.73	1.55	18.51	0	2.76	16.02
怀化市	14.75	5.89	9.66	2.68	7.08	5.36	0	0	0
娄底市	5.80	2.23	8.77	9.51	4.65	14.65	6.58	2.76	12.59
湘西州	5.90	6.39	0	4.84	12.04	0	0	18.43	0

3.1.7　灌区管理水平对灌区灌溉水有效利用系数的影响

国内外学者多从灌溉工程设施、灌区用水管理等方面进行分析研究,以提高灌区灌溉水有效利用系数,节水改造工程设施为灌溉水有效利用系数提高提供了能力保障,加强用水管理则显著减少了灌溉工程的非工程性水量损失,进而提高灌溉水有效利用系数,如加强灌区合理调度、制定合理的水价政策、推行用水户参与灌溉管理和建立农民用水者协会等。灌区合理调度可优化配水,减少输水过程中跑水、漏水和无效退水等;制定合理的水价政策和推行用水户参与灌溉管理,可提高用户节水意识,调动用水户节水积极性,自觉保护灌溉用的水利设施;农民用水者协会的广泛建立可促进灌区高效用水格局形成,推动节水灌溉和灌溉调度工作的发展[33]。对于提高灌溉水有效利用系数而言,灌溉工程设施是基础,用水管理是关键。

湖南省节水工程建设、综合水价改革、节水技术推广等措施,对灌区灌溉水有效利用系数提高具有一定成效,但仍存在不同乡(镇)对输水渠道、管道等的养护方式、频次及水平等有所差异,导致灌区灌溉水有效利用系数有所不同等问题,需提升灌区管理水平,核实灌区基本信息(灌区实际灌溉面积;水源分布和数量;干支渠等渠系分布,确认取水口及其水库位置和数量;干渠、支渠、斗毛渠等渠系渠道长度、断面形式和衬砌率;灌区作物种植结构和面积等),以信息技术化提升灌区的现代化管理水平[34]。

3.2　基于熵值原理的灌溉水有效利用系数影响因素分析与评价

3.2.1　熵值法

熵值法(C. E. Shannon)是用来判断某个指标的离散程度的数学方法。它可根据各项指标的离散程度,利用信息熵工具,计算出各个指标权重,为确定影响湖南省灌区灌溉水有效利用系数的主要类型提供依据。熵值法的计算步骤如下:

根据构建的指标变量,建 n 个样本 m 个评估指标的判断矩阵 Z:

$$Z = \begin{vmatrix} x_{11} & x_{12} & \cdots & x_{1m} \\ x_{21} & x_{22} & \cdots & x_{2m} \\ \cdots & \cdots & \cdots & \cdots \\ x_{n1} & x_{n2} & \cdots & x_{nm} \end{vmatrix} \qquad (3\text{-}1)$$

第一步:对指标进行标准化处理。每种指标的单位不同,对指标进行标准化处理让其具备可比性。

(1)正向指标。

$$r_{ij} = \frac{x_{ij} - \min x_{ij}}{\max x_{ij} - \min x_{ij}} \qquad (3\text{-}2)$$

(2)负向指标。

$$r_{ij} = \frac{\min x_{ij} - x_{ij}}{\max x_{jj} - \min x_{ij}} \qquad (3\text{-}3)$$

第二步:指标无量纲化处理(计算特征比重或贡献度)。

$$p_{ij} = \frac{x'_{ij}}{\sum_{i=1}^{n} x_{ij}} \qquad (3\text{-}4)$$

第三步:熵值计算。

$$e_j = -\frac{1}{\ln n} \sum_{i=1}^{n} p_{ij} \ln p_{ij}, 0 \leqslant e_j \leqslant 1 \qquad (3\text{-}5)$$

第四步:差异性系数计算。

$$g_j = 1 - e_j \qquad (3\text{-}6)$$

第五步:评价指标权重计算。

$$W_j = \frac{g_j}{\sum_{i=1}^{n} g_j}, j = 1,2,3\cdots,m \qquad (3\text{-}7)$$

3.2.2　灌溉水有效利用系数影响因素指标体系的建立

灌区灌溉水有效利用系数的影响因素指标错综复杂,为全面客观地选取灌区灌溉水有效利用系数的影响因素指标,以整体最优化为目标,综合考虑湖南省水资源条件、种植结构、管理水平和节水工程等因素,选取 8 个影响因子进行量化分析,并建立灌溉水有效利用系数影响因素指标体系,见表 3-27。

表 3-27　灌溉水有效利用系数影响因子

主要类型	影响因素	指标变量	数据来源
水资源条件	气温/℃	X_1	《湖南气候变化监测公报》
	降水量/mm	X_2	《湖南省水资源公报》
种植结构	水稻种植比/%	X_3	《湖南省统计年鉴》
灌区规模	有效灌溉面积/万亩	X_4	
管理水平	年毛灌溉用水量/万 m³	X_5	各灌区统计数据
	实灌面积/万亩	X_6	
节水工程	样点灌区节水灌溉面积/万亩	X_7	
	样点灌区节水改造工程投资总额/万元	X_8	

3.2.3　计算结果

　　计算结果表明,对湖南省灌区灌溉水有效利用系数的评价影响最主要类型是节水工程、灌区规模和水资源条件,其中主要影响因素有年节水改造工程投资、气温、有效灌溉面积、年节水灌溉面积和降水量等,见表 3-28。

表 3-28　熵值法计算结果

主要类型	影响因素	指标变量	权重	排名	综合排名
水资源条件	气温/℃	X_1	0.143	2	2
	降水量/mm	X_2	0.121	5	
种植结构	水稻种植比/%	X_3	0.102	6	4
灌区规模	有效灌溉面积/万亩	X_4	0.139	3	3
管理水平	年毛灌溉用水量/万 m³	X_5	0.091	8	5
	实灌面积/万亩	X_6	0.094	7	
节水工程	样点灌区节水灌溉面积/万亩	X_7	0.137	4	1
	样点灌区节水改造工程投资总额/万元	X_8	0.173	1	

3.2.4　基于主成分分析法的灌溉水有效利用系数影响因素分析与评价

3.2.4.1　主成分分析法

主成分分析法是将多个变量通过降维处理方法,重新组合为少量几个综合指标,并计算其主成分特征值及贡献率,以确定影响灌溉水有效利用系数的主要因素的一种方法,一般情况下,第一主成分方差越大,其成分中包含信息量越大[35-36]。具体计算公式如下:

$$F_p = a_{1i}Z_{x1} + a_{2i}Z_{x2} + \cdots + a_{pi}Z_{xp} \tag{3-8}$$

式中　F_p——第 p 个主成分;

$\quad\quad a_{1i}, a_{2i}\cdots, a_{pi}$——各变量特征向量值;

$\quad\quad Z_{x1}, Z_{x2}\cdots, Z_{x3}$——各变量标准化后值。

3.2.4.2　灌区灌溉水有效利用系数影响因素分析

由于湖南省灌区灌溉水有效利用系数影响因素指标较多,相关关系复杂,且信息上有重叠,本节通过对各影响因素进行标准化处理,计算其相关系数矩阵,分析其特征值和贡献率。由表 3-29 可知,湖南省灌区灌溉水有效利用系数的影响因素可以归为 3 大类因子,且前 3 个主成分贡献率分别为47.795%、21.126%、18.099%,累积贡献率可达 87.020%,满足主成分累计贡献率超85%的标准,前 3 个主成分能较好地反映湖南省灌区灌溉水有效利用系数的影响因子。

表 3-29　特征值和贡献率计算

成份	特征值	贡献率/%	累积贡献率/%
1	3.824	47.795	47.795
2	1.690	21.126	68.921
3	1.448	18.099	87.020
4	0.692	8.647	95.667
5	0.262	3.273	98.940
6	0.053	0.664	99.604
7	0.017	0.210	99.814
8	0.015	0.186	100

主成分分析法中,主成分荷载可以较好地反映各主成分因子可表征的信息,有利于确定影响湖南省农田灌溉水有效利用系数的主要驱动力因子。由表 3-30 可知,第 1 主成分上载荷较高的因子依次为有效灌溉面积(X_4)、平均气温(X_1)。湖南省 2014—2022 年的灌区有效灌溉面积整体上呈现上升的趋势,样点灌区的有效灌溉面积由 2014 年的 1 087.75 万亩增长到 2022 年的 1 157.5 万亩,增长率达到 6.41%,这主要是由于近年来政府部门加大了对农田水利工程建设的投入,逐步改造了部分大中型灌区,增加了部分有效灌溉面积。湖南省的平均气温季节的变化比较大,干旱多发生在 6—9 月,对不同季节的农作物用水量的影响较大。湖南省 2014—2020 年的平均气温的变化不大,一直稳定在 18.0 ℃左右,对农作物用水量的影响较小;不过在 2021—2022 年这两年湖南省平均气温有一定程度的上升,最高平均气温达到 18.7 ℃,可能会对灌溉水有效利用系数的测算产生影响。

在第 2 主成分上具有较高载荷的因子依次为水稻种植比(X_3)、降水量(X_2)、节水灌溉面积(X_7)、节水改造工程投资(X_8)。其中,水稻种植比(X_3)、降水量(X_2)表现的正贡献率较高;节水灌溉面积(X_7)、节水改造工程投资(X_8)表现的负贡献率较高,水稻种植比反映了灌区种植结构状况,不同灌区种植结构和水资源条件变化会相应改变人为管理和灌溉习惯,对灌溉水有效利用系数存在直接或间接影响。湖南省逐年增加的节水改造工程投资,如灌区配套工程和标准化建设、灌区喷灌、灌区滴灌等节水灌溉技术,不仅提高了灌区渠道衬砌防渗能力,也降低了田间渗漏损失,使灌区灌溉水有效利用系数得到有效提升。

在第 3 主成分上具有较高载荷的因子依次为年毛灌溉用水量(X_5)、实灌面积(X_6),反映了管理水平对湖南省灌区灌溉水有效利用系数的影响。在一定区域规模和种植结构情况下,灌区灌排技术、灌溉耕作等对作物需水量产生影响,当灌区实际灌溉面积较大时,通过管理使渠道灌溉水量分配较为均匀,可提高灌溉水有效利用系数;然而灌区面积大,蒸发强烈,渠道渗漏损失严重,可能导致毛灌溉用水量增大,进而降低灌溉水有效利用系数[34]。

表 3-30　主成分荷载计算

影响因素	主成分		
	1	2	3
X_1	0.339	-0.043	0.083
X_2	0.043	0.326	0.270
X_3	-0.276	0.438	-0.135
X_4	0.347	-0.073	0.082
X_5	0.055	0.025	0.665
X_6	-0.268	0.093	0.318
X_7	-0.004	-0.313	0.141
X_8	-0.066	-0.248	-0.092

3.3　结　论

（1）灌溉方式、灌区规模对灌溉水有效利用系数有显著影响，无论大型、中型、小型灌区，提水灌溉灌溉水有效利用系数均高于自流引水灌溉的；小型灌区灌溉水有效利用系数高于大型灌区、省级区域和中型灌区的，中型灌区抽水灌溉灌溉水有效利用系数高于省级区域、小型灌区和大型灌区的，小型灌区自流引水灌溉灌溉水有效利用系数高于大型灌区和省级区域、中型灌区的。

（2）湖南省灌区尤其自流引水灌溉有效灌溉面积是影响不同规模灌区灌溉水有效利用系数的关键。大中型灌区、省级区域提水灌溉灌溉水有效利用系数与其提水灌溉有效灌溉面积呈线性相关关系；大型、中型、小型灌区灌溉水有效利用系数、自流引水灌溉灌溉水有效利用系数均随自流引水灌溉有效灌溉面积、灌区有效灌溉面积增加而逐渐增加；省级区域灌溉水有效利用系数随大型灌区自流引水灌溉有效灌溉面积、中型灌区提水灌溉和自流引水灌溉有效灌溉面积增加而增加。

（3）中小型灌区自流引水灌溉节水灌溉面积和节水改造工程投资的不断增加，可提高灌区灌溉水有效利用系数。

（4）湖南省大型灌区、中型灌区和小型灌区作物种植面积排名前三的作物为水稻、油菜和玉米,且大型灌区种植面积占比均高于中小型灌区;湖南省灌区土壤类型多为壤土,有一部分是黏质土,不同行政区域大中小型灌区土壤类型含量最高的均为砂质土、黏质土和壤土。

(5)加强灌区管理水平可显著减少灌溉工程的非工程性水量损失,进而提高灌溉水有效利用系数,如加强灌区合理调度、制定合理的水价政策、推行用水户参与灌溉管理和建立农民用水者协会等。

(6)湖南省灌区灌溉水有效利用系数主要影响因素为年节水改造工程投资、气温、有效灌溉面积、节水灌溉面积和年降水量,第1主成分依次为有效灌溉面积、平均气温;第2主成分依次为水稻种植比、降水量、节水灌溉面积、节水改造工程投资。

第 4 章　灌区节水改造投资实施效益分析与评价

灌区灌溉水有效利用系数与灌区水资源条件、种植结构、管理水平和节水工程等因素密切相关,是评价灌溉用水效率的重要指标。跟踪分析灌溉水有效利用系数变化情况,合理评价不同类型灌区节水潜力与节水灌溉发展成效,对于促进灌溉节水健康发展具有重要意义。研究表明,大中小型灌区投资占比与灌区灌溉水有效利用系数增长率间存在某种关系,如何把资金花到"刀刃上",做到有的放矢,靶向定位更精准,需要通过 TOPSIS(Technique for Order Preference by Similarity to an Ideal Solution)法分析投资不同规模灌区对提升灌溉水有效利用系数的效果与评价,确定大中小型灌区的经济性。

4.1　TOPSIS 法

TOPSIS 法主要通过考虑理想化目标和评价对象间存在的接近性开展具体排序,以期能合理评估对象的优劣情况。一般利用最劣(优)解和对象间的距离完成其最终排序,若评价对象和最优解非常靠近,同时和最劣解离最远,可判断为最优解;否则,判断为最劣解。TOPSIS 法常见有 4 种指标,分别为极大型、极小型、中间型和区间型指标,其优缺点见表 4-1。

表 4-1　TOPSIS 法常见 4 种指标优缺点

序号	指标名称	指标特点
1	极大型指标	越大越好
2	极小型指标	越小越好
3	中间型指标	越接近某个值越好
4	区间型指标	落在某个区间最好

TOPSIS 法主要步骤依次为指标正向化、进行标准化处理、计算距离和相

对接近度。

（1）指标正向化。

大中小型灌区经济性指标中灌溉水有效利用系数增长率为极大型指标。投资金额为极小型指标，需要对其正向化。极小型指标转换为极大型指标的公式为：

$$\tilde{x}_i = \max - x_i \qquad (4\text{-}1)$$

拟比较项数为 m，评估所需指标数量为 n，那么对比项 i 中指标 j 所对应评估值以 x_{ij} 来表达，有关的判断矩阵 $\boldsymbol{Z}(m=3, n=2)$ 具体如下：

$$\boldsymbol{Z} = \begin{vmatrix} 1.42 & 0 \\ 1.73 & 36\,176.37 \\ 1.39 & 48\,550.39 \end{vmatrix}$$

（2）进行标准化处理。

因每项指标的量纲不同，为便于比较，对判断矩阵 $\boldsymbol{Z}$ 进行标准化处理：计算公式为：

$$\boldsymbol{Z}_{ij} = \frac{x_{ij}}{\sqrt{\sum\limits_{i=1}^{n} x_{ij}^2}} \qquad (4\text{-}2)$$

计算结果为：

$$\boldsymbol{Z} = \begin{vmatrix} 0.312 & 0 \\ 0.381 & 0.427 \\ 0.307 & 0.573 \end{vmatrix}$$

（3）计算距离和相对接近度。

定义判断最大值：

$$\boldsymbol{Z}^+ = \big\{ \max[(\boldsymbol{Z}_{11}, \boldsymbol{Z}_{12}, \cdots, \boldsymbol{Z}_{1n})], \max[(\boldsymbol{Z}_{21}, \boldsymbol{Z}_{22}, \cdots, \boldsymbol{Z}_{2n})], \cdots,$$
$$\max[(\boldsymbol{Z}_{m1}, \boldsymbol{Z}_{m2}, \cdots, \boldsymbol{Z}_{mn})] \big\} \qquad (4\text{-}3)$$

计算后得到各项最大值为：

$$\boldsymbol{Z}^+ = [0.381 \quad 0.573]$$

定义判断最小值：

$$\boldsymbol{Z}^- = \big\{ \min[(\boldsymbol{Z}_{11}, \boldsymbol{Z}_{12}, \cdots, \boldsymbol{Z}_{1n})], \min[(\boldsymbol{Z}_{21}, \boldsymbol{Z}_{22}, \cdots, \boldsymbol{Z}_{2n})], \cdots,$$
$$\min\{(\boldsymbol{Z}_{m1}, \boldsymbol{Z}_{m2}, \cdots, \boldsymbol{Z}_{mn})\} \big\} \qquad (4\text{-}4)$$

计算后得到各项最小值为：

$$\boldsymbol{Z}^- = [0.307 \quad 0] \qquad (4\text{-}5)$$

其定义第 $i(i=1,2,\cdots,n)$ 个评价对象与最大值的距离：

$$D_i^+ = \sqrt{\sum_{j=1}^{m}(\mathbf{Z}_j^+ - \mathbf{Z}_{ij})^2} \qquad (4\text{-}6)$$

其定义第 $i(i=1,2,\cdots,n)$ 个评价对象与最小值的距离：

$$D_i^- = \sqrt{\sum_{j=1}^{m}(\mathbf{Z}_j^- - \mathbf{Z}_{ij})^2} \qquad (4\text{-}7)$$

计算各个目标的相对接近度 S，若有较高 S 值，则将有更优目标：

$$S_i = \frac{D_i^-}{D_i^+ + D_i^-} \qquad (4\text{-}8)$$

4.2 灌区节水改造投资实施效益分析与评价

本节将湖南省内大中小型灌区 2014—2022 年灌溉水有效利用系数增长率和投资金额作为评价指标，大中小型灌区经济性指标中灌溉水有效利用系数增长率为极大型指标，投资金额为极小型指标，先进行正向化处理，并计算湖南省大型灌区、中型灌区、小型灌区相对接近度[15]，见表 4-2。

表 4-2 3 种样点灌区相对接近度

单位工程	D^+	D^-	S	归一化	排名
大型灌区	0.577	0.005	0.009	0.005	3
中型灌区	0.146	0.433	0.748	0.455	2
小型灌区	0.074	0.573	0.886	0.539	1

结果表明，小型灌区经济性高于中型灌区、大型灌区，大型样点灌区经济性相对最差。因此，在政府资金有限的情况下，比起投资大型灌区，将资金投入到小型灌区，灌区灌溉水有效利用系数提升的空间更大、更高效。

第 5 章 结论与建议

5.1 结 论

本书通过对湖南省大中小型灌区灌溉水有效利用系数进行测算,分析灌区灌溉水有效利用系数的影响因素,合理评价节水灌溉发展取得的成绩和效果,进一步提高大中型灌区的用水保障程度,为全省水资源合理配置、科学规划与实施灌区节水改造工程等重大问题的决策提供理论参考。研究结果如下:

(1)湖南省大中小型灌区均以自流引水灌溉为主,且大中小型灌区及省级区域灌溉水有效利用系数均呈逐年上升的趋势,小型灌区灌溉水有效利用系数高于大型灌区、省级区域和中型灌区。不同地区灌区灌溉水有效利用系数排名靠前的城市分别为张家界市、株洲市、湘潭市、长沙市,2022 年省级区域灌溉水有效利用系数出现最高值,为 0.550 2。

(2)灌溉方式对灌溉水有效利用系数有显著影响,表现为提水灌溉灌溉水有效利用系数均高于自流引水灌溉的,中型灌区抽水灌溉灌溉水有效利用系数高于省级区域、小型灌区、大型灌区的,小型灌区自流引水灌溉灌溉水有效利用系数高于大型灌区、省级区域、中型灌区的。

(3)自流引水灌溉有效灌溉面积、节水灌溉面积和节水改造工程投资是影响不同规模灌区灌溉水有效利用系数的关键。大型、中型、小型灌区灌溉水有效利用系数、自流引水灌溉灌溉水有效利用系数均随自流引水灌溉、灌区有效灌溉面积增加而逐渐增加;省级区域灌溉水有效利用系数随大型灌区自流引水灌溉、中型灌区提水灌溉和自流引水灌溉有效灌溉面积增加而增加;而中小型灌区自流引水灌溉节水灌溉面积和节水改造工程投资的不断增加可提高灌区灌溉水有效利用系数。

(4)湖南省大中小型灌区作物种植结构以水稻和油菜为主,大型灌区种植面积占比高于中小型灌区,灌区土壤类型多为壤土和黏质土,受土壤类型影响,灌溉水有效利用系数多表现为黏质土灌溉水有效利用系数高于壤土、砂质土的灌溉水有效利用系数。

（5）加强灌区管理水平可显著减少灌溉工程的非工程性水量损失，进而提高灌溉水有效利用系数。

（6）影响湖南省灌区灌溉水有效利用系数的主要因素为年节水改造工程投资、气温、有效灌溉面积、节水灌溉面积和年降水量，第 1 主成分依次为有效灌溉面积、气温；第 2 主成分依次为水稻种植比、降水量、节水灌溉面积、节水改造工程投资。在政府资金有限的情况下，将资金投入到小型灌区，灌区灌溉水有效利用系数提升的空间更大、更高效。

5.2　建　议

根据对湖南省灌区灌溉水有效利用系数的影响因素分析的结果，提出以下建议：

（1）通过对湖南省大中小型灌区灌溉水有效利用系数进行测算，湖南省灌区灌溉水有效利用系数达 0.550 2，湖南省灌区灌溉水有效利用系数还有提升的潜力。

（2）湖南省节水工程建设、综合水价改革、节水技术推广等措施，对灌区灌溉水有效利用系数提高有一定成效，但仍存在不同乡（镇）对输水渠道、管道等的养护方式、频次及水平等有所差异，导致灌溉水有效利用系数有所不同等问题，需核实灌区基本信息，以信息技术化提升灌区现代化管理水平。

（3）建议加大中小型灌区节水灌溉投资、节水灌溉先进技术的推广与应用，持续推进灌区续建配套和节水改造工程的建设，完善渠道衬砌和渠系建筑物维修管理，提高渠系过流能力，降低渗流损失，发挥高效节水灌溉效益，逐步提升湖南省农田灌溉水有效利用系数。

参 考 文 献

[1] 纪平. 推进大中型灌区现代化建设 筑牢国家粮食安全根基[J]. 中国水利, 2020 (9): 1.

[2] 刘宏斌. 科技部"十三五"农业面源和重金属污染农田综合防治与修复技术研发重点专项《水稻主产区氮磷流失综合防控技术与产品研发》项目正式启动[J]. 农业环境科学学报, 2016, 35(10): 1.

[3] 许航. 关于湖南省大中型灌区现代化建设的思考和探索[J]. 湖南水利水电, 2019 (2): 4.

[4] 中华人民共和国水利部. 中国水利统计年鉴 2022[M]. 北京: 中国水利水电出版社, 2022.

[5] 张礼兵, 康传宇, 金菊良, 等. 供需双侧调控下水稻灌区水-能源-粮食系统耦合协调评价与优化研究[J]. 水利学报, 2023, 54(7): 829-842.

[6] 张爱锋. 白沙灌区水资源可持续利用面临的问题与对策[J]. 河南水利与南水北调, 2022, 51(7): 2.

[7] 宋有金, 吴超, 李子煜, 等. 水稻产量对生殖生长阶段不同时期高温的响应差异[J]. 中国水稻科学, 2021, 35(2): 177-186.

[8] 韦爱群, 王天华, 刘倩文, 等. 基于直接量测法对农田灌溉水利用系数的测算分析——以盐都区小型灌区为例[J]. 江西水利科技, 2021, 47(4): 307-312.

[9] 母彩霞. 青铜峡灌区灌溉用水有效利用系数测算及影响因素研究[D]. 银川: 宁夏大学, 2014.

[10] 徐义军, 刘思妍, 姚帮松, 等. 农田灌溉水有效利用系数研究进展[J]. 湖南水利水电, 2020(3): 5.

[11] 杨冰, 宫鹏杰, 田军, 等. "首尾测算分析法"在林芝市农田灌溉水有效利用系数测算中的应用研究[J]. 广东水利水电, 2022(6): 95-99, 110.

[12] 郎敏, 李一平. 标准化管理下的农田灌溉水有效利用系数测算分析[J]. 中国标准化, 2021(20): 69-71.

[13] 吴浩源, 周令, 文斌, 等. 农田灌溉水有效利用系数测算分析工作研究——以重庆市万州区为例[J]. 科学咨询, 2022(2): 31-33.

[14] 郭思怡. 凤台县农田灌溉水有效利用系数变化影响因素分析[J]. 江淮水利科技, 2022(6): 3.

[15] 王晨. 江苏省农田灌溉水有效利用系数测算与影响因素分析[D]. 徐州: 中国矿业大学, 2021.

[16] 孙龙, 于宇婷, 杨秀花, 等. 2015—2019 年巴彦淖尔市农田灌溉水有效利用系数年际变化趋势及影响因素分析[J]. 内蒙古水利, 2021(4): 3.

［17］刘浩然．辽宁省农田灌溉水有效利用系数测算分析与对策研究［J］．黑龙江水利科技，2022（5）：050．

［18］许盼盼．基于土壤墒情监测的灌溉水有效利用系数测算方法研究［J］．山西水土保持科技，2022（2）：6．

［19］郑江丽，熊静，郭伟．典型灌区灌溉水有效利用系数测算及节水对策［C］//中国水利学会．中国水利学会2021学术年会论文集．郑州：黄河水利出版社，2021．

［20］黄文仲．福建省样点灌区灌溉水有效利用系数测算分析［J］．水电与新能源，2022（6）：036．

［21］金荣．双塔灌区2019年农田灌溉水有效利用系数测算分析［J］．地下水，2021，43（3）：2．

［22］中华人民共和国中央人民政府．国务院办公厅关于印发实行最严格水资源管理制度考核办法的通知［EB］．2023-10-11．

［23］中华人民共和国住房和城乡建设部．灌溉与排水工程设计标准：GB 50288—2018［S］．北京：中国计划出版社，2018．

［24］刘启，凌尚．湖南省"十四五"水资源及供水规划实施后对水文水资源的影响［J］．中文科技期刊数据库（全文版）自然科学，2023（2）：3．

［25］《湖南省"十四五"水安全保障规划》概要［J］．湖南水利水电，2021（5）：107．

［26］林坤，孙新功．论农田灌溉方式的划分及特点［J］．农民致富之友，2016（15）：1．

［27］周玉琴，石佳，万昕．渠道衬砌状况对渠系水利用系数的影响分析［J］．节水灌溉，2021（8）：5．

［28］王矿，肖晨光．安徽省农田灌溉发展现状及对策分析［J］．江淮水利科技，2023（4）：25-30．

［29］郭星，席建宁，罗磊，等．节水灌溉技术在青稞种植中的应用研究［J］．黑龙江粮食，2023（8）：60-63．

［30］王恒，王博．农田水利高质量发展：关键问题与对策建议［J］．西北农林科技大学学报：社会科学版，2022，22（4）：35-43．

［31］雷宏军，童文彬，潘红卫，等．不同类型土壤下不同增氧灌溉方式对甜椒生长生理指标、产量和灌溉水利用效率的影响［J］．华北水利水电大学学报：自然科学版，2021（5）：042．

［32］蔡晓东．咸阳市农田灌溉水有效利用系数测算与分析［D］．杨凌：西北农林科技大学，2019．

［33］冯保清．我国不同分区灌溉水有效利用系数变化特征及其影响因素分析［J］．节水灌溉，2013（6）：5．

［34］鞠艳，杨星，毕克杰，等．江苏省农田灌溉水有效利用系数年际变化及其影响因素分析［J］．灌溉排水学报，2022，41（12）：123-130．

［35］贾浩，王振华，张金珠，等．基于主成分分析和Copula函数的灌溉水利用系数影响

因素研究——以新疆建设兵团第十二师中型灌区为例[J]. 干旱地区农业研究,2020, 38(6): 167-175,233.

[36] 吕志鹏. 基于主成分分析的某灌区灌溉水有效利用系数影响因素研究[J]. 地下水,2023, 45(4): 138-139.